水文气象变量
时空变异性研究
——以大清河流域为例

张金萍　肖宏林　张鑫　著

中国水利水电出版社
www.waterpub.com.cn
·北京·

内 容 提 要

本书以大清河流域山区和平原区的水文气象要素资料为基础，通过构建时间变异和空间变异指标体系对其时间变异性和空间变异性特征进行了综合评价，利用 TOPSIS 方法分别对山区和平原区水文气象要素的时间变异性、空间变异性以及时空变异性进行了定量评价，揭示了各水文气象要素的时空变异测度。以大清河流域为例，基于"延拓-分解-预测-重构"思路，对大清河流域降雨和径流序列进行了组合预测研究，系统揭示了大清河流域水文气象要素的时空变异性和演变特征。

本书可供水文气象领域的科技工作者参考，也可供相关专业的高校师生阅读学习。

图书在版编目（CIP）数据

水文气象变量时空变异性研究 ：以大清河流域为例 / 张金萍，肖宏林，张鑫著. -- 北京 ：中国水利水电出版社，2024. 12. -- ISBN 978-7-5226-2812-7

Ⅰ．P339

中国国家版本馆CIP数据核字第2024KR2649号

审图号：GS京（2024）1135 号

书　　名	水文气象变量时空变异性研究——以大清河流域为例 SHUIWEN QIXIANG BIANLIANG SHIKONG BIANYIXING YANJIU——YI DAQING HE LIUYU WEILI
作　　者	张金萍　肖宏林　张　鑫　著
出版发行	中国水利水电出版社 （北京市海淀区玉渊潭南路 1 号 D 座　100038） 网址：www. waterpub. com. cn E‐mail：sales@mwr. gov. cn 电话：（010）68545888（营销中心）
经　　售	北京科水图书销售有限公司 电话：（010）68545874、63202643 全国各地新华书店和相关出版物销售网点
排　　版	中国水利水电出版社微机排版中心
印　　刷	北京中献拓方科技发展有限公司
规　　格	170mm×240mm　16 开本　13 印张　247 千字
版　　次	2024 年 12 月第 1 版　2024 年 12 月第 1 次印刷
定　　价	**65.00 元**

随着社会经济的快速发展，人类对水资源的需求量大幅增加，区域水资源问题愈发严重，洪涝灾害和干旱缺水事件频繁发生。受气候变化和人类活动的影响，流域下垫面和水文过程都发生了不同的变化。此外，流域水文气象要素在时间和空间上会发生不同程度的变异，表现出复杂多样的演化特征，造成了各种极端灾害事件不断发生，直接或间接威胁到水安全以及人类的生存和发展。因而，研究流域水资源现状，深入剖析水文气象要素的时空变异性具有重要的理论和现实意义，有助于正确地实施相关政策和措施，保障生态系统和水系统的安全性。为此，笔者针对流域水资源现状，结合水文过程中的相关水文气象要素的变异特征，撰写了本书。

本书以华北平原大清河流域作为研究案例，以流域水文过程中的实测水文气象数据为基础，以流域水文气象要素时空变异性和演化特征的研究为核心内容。现阶段大清河流域内水资源量的主要来源是上游山区来水、平原区集水以及南水北调水和引蓄黄河水。受气候和地形等因素的影响，大清河流域降雨量年际变化大、年内分布不均匀，并且经常出现旱涝交替的现象。除了年内发生暴雨外，平原区河道基本处于断流状态。同时由于地下水开采严重，近年来平原区不断出现地面沉降、地裂缝、水质恶化、地下水漏斗扩张等问题，使得上游水库弃水进入平原区后基本渗入地下，平原区集水功能显著降低，对当地产生显著的影响。此外，山区地表径流过度开发利用使得下游径流量显著减少，且随着人们水土保持观念的提升，增加了山区林地的植被覆盖度，导致植物蒸散发的加大，对山区径流造成了进一步的影响。

大清河流域作为一个开放的非线性系统，具有复杂的演变规律，并且受气候变化、地形等自然因素和人类活动等社会因素的影响，流域水文气象要素演变规律复杂多变。这种复杂的特性不仅体现在时间尺度上，也体现在空间尺度上，表现为水文气象要素既随着时间的变化而变化，又在空间上具有不同的分布特征，这种现象称为水文气象要素的时空变异性。水文气象要素空间变异性研究对揭示流域水文过程变化和空间分布演变特征至关重要。本书基于大清河流域各实测水文气象数据，在考虑环境变化和人类活动影响的基础上，运用数理统计及周期分解方法，对流域内水文气象要素进行趋势检验和周期分析，运用地统计学方法对水文气象要素的空间变异进行研究。同时，选取时间变异和空间变异指标，构建时空变异评价体系，对大清河流域水文气象要素进行时空变异分析。此外，构建基于 GAMLSS 模型的山区径流非一致性模型，研究大清河流域降雨-径流非一致性变化特征。利用 Copula 函数量化流域降雨-径流关系，研究流域降雨-径流丰枯演化特征，进而分析山区降雨-径流关系的空间变异。最后，以流域降雨和径流为例，采用数据延拓方法对水文气象要素进行组合预测研究，系统揭示了大清河流域水文气象要素的时空变异性和演变特征。

本书收集了众多资料，凝聚了作者大量的汗水，最后经过反复斟酌编写而成。本书参考和引用了大量国内外学者的论著，作者从中受到了很大的启发，并获得了众多的灵感，在此向各位科研工作者表示感谢！本书由张金萍和肖宏林统筹负责，由多位学者参与整编，是集体的研究成果和思想结晶。本书共包括 10 个章节，第 1～2 章由张金萍撰写，第 3～4 章由肖宏林撰写，第 5～6 章由张金萍撰写，第 7 章由张鑫和杨锋撰写，第 8 章由肖宏林撰写，第 9 章由许敏和靳有来撰写，第 10 章由张金萍撰写。全书由张金萍统稿。

本书的研究成果得到了国家重点研发计划（2018YFC0406501）、国家自然科学基金项目（52379028）和河南省自然科学基金（242300421007）的支持，在此表示特别的感谢。同时，感谢中国水利水电出版社有限公司为本书出版所付出的辛苦劳动。此外，由于流域水文过程复杂、作者水平有限、编写时间仓促，书中难免会出现一些错误，恳请各位专家和广大读者给予批评和指正，以便作者在以后的研究工作中进行补充和完善。

作者

2024 年 8 月

目 录

第1章

绪　　论

1.1　研究背景及意义

自 1980 年以来，受全球气候变化的影响，流域的水循环发生了不同程度的变化。联合国政府间气候变化专门委员会（Intergovernmental Panel on Climate Change，IPCC）第四次报告明确指出：实际蒸散发量在全球范围内呈现上升的趋势，但是蒸发皿的蒸发量却持续减少。气温呈现增加的变化趋势，且气温的上升在降雨和蒸发过程中起着关键作用，而降雨量和蒸发量的变化，则对流域内的水循环变化起着至关重要的作用。除了气候变化之外，人类活动如水利工程的修建、水土保持工程的开展以及城市化进程的加快等都对流域下垫面和流域水循环系统产生了显著的影响。在全球气候变化背景下，受流域水循环系统显著变化的影响，流域水文序列在时间和空间上发生了不同程度的变异，造成各种极端水文事件的发生，并引发了一系列衍生问题，直接威胁到全球水安全，并会对人类的生存和发展造成严重影响，因此流域水文序列时间和空间变异性研究的重要性日益突出。

此外，水文要素时间序列中既蕴含了自身的演变规律，也反映了水文要素对自然环境的影响（气候、地形、气温等）和人类活动干扰的响应机制，是一种复杂的多元、多周期信息的结合体，具有较强的非线性和非平稳性。分析和揭示水文要素时间序列中的丰富信息，有助于人类更加清晰地认识水文演化过程，更加透彻地理解水文作用机理，更加准确地把握水文变化规律，并以此为基础进行水文要素的精准预测与水资源开发利用的合理规划。水文预测不仅在减灾防灾工作中备受重视，在环境保护、灌溉、水运和水利工程兴利调度等方面也有极为重要的作用。各类水文要素的预测成果既可为制定高效的水利设施调度运行方案提供依据，实现水资源开发利用的最大综合效益，也有助于对区域内的水资源进行科学的规划和管理，实现水资源的合理配置。

大清河位于海河流域的中部，西起太行山区，东至渤海湾，北界永定河，南临子牙河；流经山西、河北、北京和天津四省（直辖市）；东淀以上分为南、北两支，北支为白沟河水系，南支为赵王河水系，东淀以下分别经独流减河和海河干流入海。2017年4月1日，中共中央、国务院印发通知，决定设立河北雄安新区，将其定位为千年大计、国家大事。雄安新区地处大清河流域平原区，同时大清河流域上游是雄安新区的重要用水保障，大清河流域水利工程体系通过对洪水与水量的调控，支撑着雄安新区的防洪安全和水资源保障。

随着大清河流域经济发展、区域人口增加及水资源开发利用活动等影响的逐步累积，大清河流域水文地质条件发生了明显变化。经实地调研发现，自2000年以来，除年内发生大暴雨外，平原区河道基本处于断流状态，上游山区水库弃水进入平原区后，水流在河道中的传播距离较短，基本渗入地下，平原区集水功能显著降低；山区上游地表径流过度开发利用，使得下游控制站入库径流显著减少，且随着近年来人们水土保持观念的提升，增加了山区林地的植被覆盖度，相应增加了植物蒸散发量，进而对山区径流造成一定影响。习近平总书记在治水管水工作中提出了"重在保护，要在治理"的新思路，不仅是针对黄河流域，更是对所有水系、流域提出的更高要求。针对大清河流域现状而言，平原区要点在于治理修复，山区重点在于保护防治，同时山区的保护及防治工作更有利于推进平原区治理及修复的进程。

研究大清河流域水文要素时间序列演变特征、降雨-径流关系演变特征及时空变异特性能够为探索大清河流域山区水文和水资源系统的时空变化规律提供依据，分析山区各大型水库调度运行对径流过程的影响程度，探索工程调度与水文节律协调的可行性，以及为流域下游的水量分配、水库调度、生态保护等水资源开发、利用、保护与管理工作提供基础参考和科学指导，并且对雄安新区水资源规划管理、防洪减灾具有重要的现实意义。从长远看，探究大清河流域特别是大清河流域上游水文要素和降雨-径流关系的时空变异是支撑雄安新区千年大计最直接的体现，为提高大清河流域水资源演变规律的科学认知奠定基础，并为雄安新区水资源安全保障提供参考。

1.2 研究现状

1.2.1 水文气象要素时空变异

1. 时间变异

受气候变化和人类活动的影响，流域水文序列的分布形式、特征值在整个时间范围内发生显著的变化，进入另一平稳或处于持续变化中的状态，即其统计规律不再具有一致性，这种非一致性称为水文变异，而这里所说的变异一般指水文序列随机性成分的统计规律在一个较长的时期内是一致的，因此水文时间变异的具体形式一般是指水文序列的确定性成分发生变异，确定性成分又包含了跳跃、趋势、周期等成分，因此时间变异的具体形式一般是指跳跃变异、趋势变异和周期变异等。

（1）在跳跃变异研究中，Perreault et al.[1]应用贝叶斯方法提出了随机变量的两种突变，并发现 Gibbs 抽样更加适合点突变的相关研究；随后，Perreault et al.[2]又提出了针对变异类型和强度的方法，该方法适用于多种类型变量的变异；Burn et al.[3]开发出一种利用非参数检验的方法来确定数据趋势成分变化；Aziz et al.[4]基于加拿大马更些河流域的相关资料应用 Mann - Kendall 方法检验了其趋势性成分与跳跃性成分的变异；王孝礼等[5]将 R/S 分析法引入水文系统，基于该分析法对水文序列的变异点和趋势变化进行了分析，并利用某水库的径流量进行验证从而证明了方法的可行性；熊立华等[6]利用贝叶斯方法对长江流域宜昌站年径流量的可能变异点进行了判别；陈广才等[7]运用滑动 F 检验与识别方法对潮白河年径流量的变异进行了分析；谢平等[8]将 R/S 分析与分数布朗运动理论相结合，从整体上对时间序列的变异点进行识别与检验、对变异强度进行了分析，并运用该方法对无定河、疏勒河、红崖山水文站径流量的变异强度进行判别；吴子怡等[9]用滑动相关系数方法对澜沧江允景洪水文站径流序列的跳跃变异点进行了识别，并证明了该方法的识别效率较高；吴子怡等[10]利用相关系数法对跳跃变异的程度进行了定量的描述和分级，并对太湖、沱江水文站的降雨序列及太湖水文站的径流量进行了跳跃变异点和变异强度的判别。

（2）在趋势变异研究中，Hamed[11]利用测度假设模型模拟水文序列的变异，并将 Mann - Kendall 方法进行改进，估计了测度对系列变异性的影响；张应华等[12]采用多种方法对黑河流域托勒气象站气温的趋势进行分析并对不同方法计算结果的差异性进行对比；强安丰等[13]将泰森多边形、变异系数、反距离权重和 Mann - Kendall 等检验方法结合在一起分析了青海省三江源地区 18 个气象站降雨和气温的趋势变化特征；陈楠[14]利用趋势检验方法，得出近 40 年来菏泽的气温具有明显的增加趋势；谢平等[15]提出了基于相关系数的水文趋势变异分级方法，在此基础上，赵羽西等[16]通过推导相关系数和序列趋势斜率的关系，详细阐述了基于相关分析的水文趋势变异分级的原理，并对西江高要站水位趋势变异的程度进行了判别。

（3）在周期变异的研究中，Reddy et al.[17]应用经验模态分解模型（empirical mode decomposition，EMD）方法对印度降水量的多周期性进行了分析，在此基础上分析了季风季节降水和全球气候波动的联系；冯平等[18]应用 EMD 方法对洮河流域的年径流量多时间尺度演化特征进行了研究；Zhang et al.[19]等应用 EMD 方法对新乡水利试验站 1961—2010 年的降雨量和参考作物的腾发量进行了多时间尺度下的关系分析；张金萍等[20]利用完全集合经验模态分解（complete ensemble empirical mode decomposition with adaptive noise，CEEMDAN）方法对龙羊峡建库前后的水沙序列进行周期分析，并将其和信息熵与集对分析相结合；吴林倩等[21]基于相关系数提出了一种周期变异程度的分级方法，并利用该方法对澜沧江流域 21 个站点的年降雨量序列进行周期变异强度的识别；肖宏林[22]将多时间尺度方法与熵权法相结合构建多时间尺度熵，并对龙羊峡水库修建前后的水沙序列进行多时间尺度熵分析，刻画建库前后径流量、泥沙量各分量结构的动态变化及转换程度和周期特征。

2. 空间变异

空间变异理论把空间统计作为主体，是研究具有结构性和随机性的自然现象在空间上的分布规律及特征的理论方法的集合。地统计学方法将区域化变量作为理论基础，并以变异函数为工具，为空间变异的定量化研究提供依据。自 20 世纪 60 年代诞生以来，地统计学的应用扩充到了众多领域。

1976 年，地统计学被引入水文领域，自此以后该方法在农田水利、地下水以及降水等研究领域得到了广泛的应用和发展。Ferranti et al.[23]以英格兰西北部的坎布里亚为研究对象，应用地理信息系统（geographic information system，GIS）技术分析不同的降雨类型及地理区域降雨的时空变化特点；Wickramagamage[24]利用克里金插值法与径向基函数进行线性回归，分析了斯里兰卡的降雨时空变化特点；门明新等[25]和张坤等[26]均运用地统计学方法分别研究了河北省和福建省降雨侵蚀力的空间分布特征；Zoccatelli et al.[27]基于分支渠道网络的经流路径施加有效的空间降雨和采用高分辨率雷达降雨来阐明空间降雨组织流域形态与径流响应之间存在的依赖关系；李月臣等[28]结合国内外气温空间插值的主要研究成果对各类方法进行了归纳对比以及优化。

在径流和地下水空间变异方面，Vafakhah et al.[29]在伊朗西部 Sarab 流域研究了径流产生和识别关键区域的空间变异性，结合渗透数据及土壤地质参数，进一步依据变异函数及克里金插值绘制径流的空间分布，结果表明径流空间结构很强，低密度林地的上游陡坡产生的径流最大。随着克里金插值法的发展，其在地下水方面得到了广泛的应用[30-35]。Varouchakis et al.[36]在对希腊某流域地下水位进行预测时，发现克里金插值法优于反距离加权法和最小曲率法；Yao et al.[37]比较了 8 种空间插值方法，发现普通克里金插值法更能真实地反映地下水位的变化趋势；阮本清等[38]将地统计学方法和 GIS

结合，对宁夏回族自治区灌区地下水位空间变异特性的演变规律进行了研究；周剑等[39]应用普通克里金插值法，分析了黑河流域中游土地利用变化对地下水位时空变异性的响应；赵洁等[40]应用克里金插值法，对黑河流域地下水位的空间变异进行了分析；邓康婕等[41]运用地统计学方法，根据泾惠渠灌区2002年、2004年、2007年和2009年地下水埋深资料研究了灌区地下水埋深的空间分布规律及变异特性；顾晓敏等[42]选取北京市昌平区30眼地下水位观测井2001—2011年的地下水位观测数据，运用地统计学方法分析了昌平区地下水的空间变异性，为今后开采井的合理布设提供依据；刘海若等[43]将地统计学、GIS和GS+相结合，分析了河北省唐山市丰南区淡水区潜水和咸水区承压水丰枯季地下水埋深的空间变异规律；姚玲等[44]应用地统计学方法和ArcGIS等工具分别研究了1998—2017年内蒙古自治区河套灌区地下水埋深的空间分布并对其影响因素进行了分析。

3. 时空变异

时空变异是将变量的时间变异和空间变异结合起来进行综合分析的方法。Rouhani et al.[45]将时间作为一个维度加入到空间维度中，并且形成一个坐标系，在该坐标系中运用地统计学对变量进行分析；Stein et al.[46]和Bechini et al.[47]在研究中应用了时空地统计学法，但是该方法局限于对变量时空变异性的定性研究中。侯景儒等[48]将时间维度加入到空间维度中，并以互变异函数作为工具，利用克里金插值法对时空变量进行分析；余先川等[49]在讨论时空变异中变异函数和平稳线性最优估计方法的基础上，提出了时空域中漂移和涨落的概念，并对非平稳线性最优估计的方法进行了讨论；谢平等[50]利用Hurst指数判别出无定河流域降雨的时间变异强度，并将其与GIS空间技术相结合，分析整个流域降雨的时空演变特征；刘桂君[51]从时间和空间两个方面计算辽河流域的植被覆盖、降雨、气温和径流的时空变化，探讨了这些要素和水质之间的关系，并在此基础上对水环境的质量作出评价；粟晓玲等[52]根据陕西省关中地区22个气象站和3个水文站1961—2016年的水文气象资料，计算了不同时间尺度的标准化降水蒸散指数（standarlized precipitation evapotranspiration index，SPEI）和径流干旱指数（streamflow drought index，SDI），运用Copula函数构建了水文气象的综合干旱指数并分析了其时空分布特征；钟华昱等[53]基于汉江干流3个水文站48年的实测日径流资料，综合分析了汉江流域径流的时空演变趋势，但该研究仅仅是将3个水文站点的空间坐标加入时间研究中，且主要集中在对不同站点径流时间变异的计算，未涉及二者综合的分析。

以上的这些研究多以站点的空间分布为依据，对空间分布的站点进行时间变异的分析，并且主要集中在跳跃变异点、趋势变异和周期变化的识别上，很少对时空变异进行识别以及对时空变异的程度进行划分。

1.2.2　降雨-径流关系时空变异

1. 降雨-径流时间关系及其驱动因素影响分析

较国外而言,我国降雨-径流时间关系研究相对较晚。但是,随着信息的交换逐渐便利,近年来,我国在降雨-径流关系的研究上呈现飞速发展态势。国内外已有较多关于降雨-径流关系的研究成果。例如,Shreve[54]于1934年进行了沙漠条件下的降雨、径流和土壤水分研究;Miller et al.[55]推导了面积约10.6km² 流域的降雨-径流关系,并发现其适用于其他小流域;Eagleson et al.[56]采用线性分析方法根据流域的物理特征确定流域的频率通带,并结合降雨的频谱表示,研究了降雨和径流测量仪器的响应特性;Osborn et al.[57]通过11年的研究,总结分析了美国亚利桑那州东南部的 Walnut Gulch 流域的降雨-径流关系;Hill[58]通过对集水区内净雨与地表径流数据的研究,最终得到了最大深度与暴雨持续时间和集水区长度的函数关系。王才炎[59]通过相关分析法对巢滁皖流域丘陵区降雨-径流关系进行深入研究,提出计算方法中存在的问题,为计算降雨-径流关系提供参考;赵人俊等[60]通过对浙江省及湖南省的山丘区降雨-径流关系的研究,明确其成因基础及地区上的分布规律,试图应用于无资料地区;刘昌明等[61]对黄土高原暴雨-径流关系进行了实验研究,分析了公式中的重要参数并构建了暴雨-径流关系曲线;赵人俊[62]于1973年先以蓄满产流为基础,建立了适应于湿润与半湿润地区的二水源新安江模型,又于20世纪80年代初引入山坡水文学概念[63],进而提出了三水源新安江模型[64]。

降雨-径流关系本身就具有不确定性且随着人类活动影响的加深,降雨-径流时间关系的变化具备明显的阶段性特点。学者们更为关注变化环境下降雨对径流的响应关系及其径流变化的模拟预测,且随着新技术新方法的产生,取得了较好的成果。其中,Wilson et al.[65]采用了基于运动波理论的降雨-径流模型和非平稳多维时变降雨模型评估了降雨精度对小流域降雨-径流模拟的重要性;Ogden et al.[66]采用基于物理的数值径流模型,研究分析地表径流对降雨时空变化的敏感性;Jakeman et al.[67]通过对历史数据的广泛分析,建立描述降雨-径流过程的可靠传递函数模型为研究流域土地利用变化、气候变化等因素对流域动态响应提供了一种新的方法;Montanari et al.[68]提出了一种评估降雨-径流模型不确定性的方法,该方法利用准高斯方法来估计模拟河流流量条件下模型误差的概率分布,并应用于 Italian River 流域,取得了较好结果;Shoaib et al.[69]提出了一种新的基于小波的组合方法来估算组合径流;Tokar et al.[70]采用人工神经网络方法,对马里兰州 Little Patuxent River 流域的日降雨、温度和融雪量进行预测。叶守泽等[71]通过对瞬时单位线的非线性处理，结合桂林、黄冈地区实测降雨-径流资料，解决了无资料地区的洪水非线性计算问题；张焕礼[72]以水量平衡原理为基础，考虑水循环规律，建立降雨-径流关系，结果显示相关系数有明显提高；夏军[73]在分析现行的伽辽金类型求解方法优缺点基础上，与罚函数结合较好地解决了现行非线性方法中不考虑系统约束及健全性欠佳等问题；汪秉仁等[74]应用灰色系统理论，对白沙灌区进行相关研究，经实践证明效果良好；杨艳生[75]应用灰色系统理论中的关联度分析法，对降雨因子值同雨量值或地表径流之间的关系进行分析，结果显示降雨与地表径流关系更为紧密；夏军等[76]在黄河岔巴沟流域不同下垫面类型、覆盖度以及处理方式等情况下进行相关研究，分析研究了不同植被覆盖度、耕作措施下降雨径流随时间的变化规律；张翔等[77]应用遗传编程构建了王家厂水库流域不同输入情况下的降雨-径流模拟模型，并取得较好结果；谢平等[78]应用水文变异综合诊断方法对无定河流域降雨-径流关系进行深入研究，并对无定河流域水资源开发现状进行评定；刘媛等[79]依据水循环原理，提出了水资源变异归因分析方法，并在辽河流域乌力吉木仁河进行了降雨-径流关系相关研究分析；程娅姗等[80]应用经验统计分析法分析了潮河流域变化环境下的降雨-径流关系，对降雨-径流关系变化的影响因素贡献率进行定量描述；刘丽芳等[81]采用滑动偏相关系数等方法对济南市三川流域（锦绣川、锦阳川、锦云川）降雨-径流关系进行对比分析，并系统阐述变化原因；张金萍等[82]应用协整相关理论对径流进行预测分析，明显提高了预测精度；许云锋等[83]采用小波分析等方法系统阐述了不同尺度下塔里木河流域气候变化与径流之间的关系。

2. **降雨-径流空间关系及其驱动因素影响分析**

降雨-径流关系的变化更多地是针对时间层面的研究，而对于空间宏观层面只是针对单变量降雨因素的空间变异特点展开研究。Brunsdon et al.[84]应用地理加权回归技术再次检查英国降雨总量与海拔高度的关系，结果显示降雨量随海拔系数的增加速率由西北的 4.5mm/m 减少至东南的几乎为 0；Nasr et al.[85]使用神经模糊（neuro-fuzzy）模型对集总式降雨-径流模型进行改进，可明显提高研究区降雨-径流响应的时间及空间变化；Kim et al.[86]研究了降雨空间分布和持续时间对确定径流量预测和平衡时间估算的降雨空间分辨率的影响；Bibi et al.[87]在尼日利亚东北部利用其气象网格日降雨数据分析降雨时空变化，并应用自回归积分移动平均模型（autoregressive integrated moving average model，ARIMA）预测月降雨量及其频率，模型在其变异性较低的地区及月份具有较好的效果；Zhang et al.[88]研究了降雨空间变异性对径流模拟的影响，选择图像大小、变异系数（Cv）和 Moran's I 来评估降雨的空间变异性,结果表明压缩后的图像尺寸越小,降雨空间变异性的复杂性越低;李璐等[89]、陈东东等[90]分别基于江苏省260组气象站点和四川省147组气象站点的降雨序列利用地统计学方法分析了降雨侵蚀力空间变异分布,前者在比较模型合理性的基础上验证了代表站选址的可行性,后者则重点分析了降雨侵蚀力的变化,确定四川省降雨侵蚀力倾向率的东西向变化趋势及侵蚀力集中程度;董闯等[91]应用信息熵理论对石羊河流域8组气象站点年内及年代时空变异特点进行了分析,结果表明流域呈现东南部变异性较小、西北部变异性高的特点;原立峰等[92]运用地统计学理论及GIS技术研究了鄱阳湖流域16组气象站点空间变异特点,流域降雨呈现弱或中等程度的变异;杨丽虎等[93]利用GIS技术对黄土高原岔巴沟流域不同时间尺度上的空间变异特点进行细致研究,确定局部暴雨是引起空间变异的主要原因。

对于径流因素的空间变异分析,更多地是针对径流序列在流域内的相依性特点进行统计上的特征分析,如Chen et al.[94]选取了12个天然草原植被覆盖度为0~20%的农田坡地,研究了2008—2011年70个径流事件;利用美国爱荷华州中部坡地的数据,通过考察径流系数标准差和变异系数与均值的关系,探索径流系数在事件尺度上的空间变异性;利用Spearman秩和Pearson相关系数分析径流系数空间格局的时间持续性。左其亭等[95]利用层次分析与集合理论相关方法,考虑多支流流域的复杂水文情势关系,从流域选取准典型年系列进而优选研究区域的径流典型年。王强等[96]通过SWAT(soil and water assessment)模型与地理加权回归(geographically weighted regression,GWR)模型揭示了不同土地利用类型下的径流变化,结果显示林草耕地与城镇用地对径流由上游至下游的空间响应关系相反,前者呈逐渐减弱的趋势。

随着水文模型的发展,模型模拟可以有效反映降雨-径流关系空间变化特点,研究区关系变化更为清晰,进而部分学者们更注重于提高模型模拟精度。Fenicia et al.[97]在卢森堡的一个流域中使用SUPERFLEX框架假设并实现了多个模型结构,经校准后使用拆分样本方法测试时空模型的可传递性,评估流量预测误差度量和水文特征;Abbas et al.[98]使用不确定度拟合算法对Kunhar盆地SWAT模型进行校准验证,其模型可进一步用于分析气候和土地利用等驱动因素的变化对河流流量的影响;梁天刚等[99]基于GIS栅格系统模拟高泉沟流域降雨-产流综合模型,并对其时空变异规律及主要影响因子进行分析;邹悦[100]、何旭强[101]应用SWAT模型分别分析了疏勒河中游及黑河上游的径流时空变化,分析降雨等驱动因素的影响;侯文娟等[102]选择典型喀斯特峰丛洼地流域为研究区域,利用SWAT模型进行了产汇流模拟,结合空间梯度分析及局部回归模型剖析了空间变异特点。

1.2.3 水文要素预测

为了提高水文要素预测的精度，国内外学者对水文预测的理论和方法进行了深入的探索和研究，提出了各种预测模型。这些模型可以粗略地分为过程驱动模型和数据驱动模型[103-104]两大类。由于水文现象成因的复杂性，基于物理成因的过程驱动模型虽然可信度较高但在具体研究和应用中实施困难。数据驱动模型主要针对水文要素时间序列进行研究而不涉及水文系统内部复杂的物理机制，模型设计与应用更加方便；而且随着技术的发展，基于时间序列的预测模型越加完善，预测精度不断提高。因此结合本书的研究内容，这里重点介绍数据驱动模型在水文预测方面的发展。

数据驱动模型主要包括传统的数理统计模型和基于现代预测法[104-116]的机器学习模型。根据模型构建过程，数据驱动模型又可分为单一预测模型和组合预测模型。

1. 单一预测模型

单一预测模型即采用具体的单一数据驱动模型直接对原始水文时间序列进行预测。数据驱动模型中的数理统计方法以概率论和数理统计原理为理论基础，以历史系列数据资料为样本，根据水文要素序列的时序性和自相关性来建立预测模型，推求水文要素变化的统计规律[116]。经典的数理统计模型主要有自回归模型（autoregressive model，AR 模型)[117]、自回归滑动平均模型（auto regressive moving average model，ARMA 模型)[118]、自回归积分移动平均模型（autoregressive integrated moving average model，ARIMA 模型)[119]，以及门限自回归模型（threshold regressive model，TR 模型)[120-121]。以上模型理论成熟且实施方便，因此基于数理统计方法的单一预测模型在水文时间序列预测领域得到大量应用。王昱等[122]构建了平稳时间序列的 AR 模型并对年平均径流量进行预报，模型运算迅速并具有较好的适应性和预报精度。汤成友等[123]对非平稳序列提取周期项和趋势项后的残差序列建立 AR 模型进行水文中长期预报，取得了满意的效果。Mondal et al.[124]通过构建消除季节因素的 ARMA 模型，较好地捕捉了河流流量的变化特征。张春岚等[125]在构建 ARMA 模型过程中运用最小信息准则来确定模型的最佳阶数，并运用修正的可变遗忘因子递推最小二乘法进行参数的动态修正，达到了较高的预测精度。白晓等[126]将 ARIMA 降水量预测模型和 Modflow 地下水流数值模型结合，对峰峰矿区岩溶地下水资源量和水位动态变化进行模拟和预测，为地下水资源的合理开发利用提供参考。周泽江等[127]对若尔盖水文站逐日平均流量建立门限自回归模型以及最近邻抽样回归模型进行拟合和预测，研究表明两种模型对于日平均流量均有较好的预测效果。

近年来，随着计算机性能的提高和新的数学分支的开拓，包含人工神经网络（artificial neural network，ANN）、支持向量机（support vector machine，SVM）、灰色系统、模糊分析以及混沌系统等的基于现代数据驱动预测法的机器学习模型得以快速发展。机器学习模型通过建立输入与输出数据之间最优数学关系来构建模型，具有较强的处理非线性问题的能力。模型可以映射输入变量和目标变量之间的关系来模拟水文过程，进而达到良好的预测效果。此类方法已广泛应用于水文领域[128-131]，是进行水文要素时间序列预测的常用手段。屈忠义等[132]探讨了不同反向传播（back propagation，BP）网络结构和算法在地下水位预测中的应用，预测了河套灌区节水工程实施后未来灌区地下水位下降的趋势。Birikundavyi et al.[133]通过 BP 神经网络模型的日径流量预测结果与经典的自回归模型和卡尔曼滤波器进行对比，证明了人工神经网络具有更优的预测结果。黄国如等[134]将径向基函数（radial basis function，RBF）神经网络模型应用于感潮河段的洪水位预报，认为该方法比 BP 算法有更快的收敛速度，预报精度较高，应用价值较大。Nor et al.[135]应用径向基函数方法对马来西亚两处集水区的降雨-径流关系进行建模，得到了较为精确的模型预测结果。陈守煜[136]将模糊集理论引入水文学中，提出了模糊水文学的基本理论模型与应用；但是因为其包含的信息带有明显的主观性，所以在生产实践中有一定的局限性。Hense[137]在 1987 年将混沌动力学方法引入水文学领域，建立了同时考虑水文变量确定性和随机性的混沌分析方法。权先璋等[138]以多条河流的径流时间序列为例构建了基于混沌动力学的局部预测模型，相比于 AR 模型等预测方法取得了更好的效果。林剑艺等[139]探索了支持向量机回归模型在中长期径流预报中的应用，并与人工神经网络模型预报结果进行比较，显示 SVM 模型可以提高预报精度。Maity et al.[140]利用支持向量回归（support vector regression，SVR）对印度奥里萨邦默哈纳迪河的月流量进行预测，与传统的 ARIMA 模型相比，SVR 模型具有更好的预测精度。任化准等[141]将遗传算法（genetic algorithm，GA）与支持向量回归模型进行耦合，构建了动态三参数优化 GA-SVR 日径流预报模型并用于黑水河流域日径流预报，预报结果比 BP 神经网络模型和多元线性回归模型具有更高的精度。

2. 组合预测模型

上述基于数理统计和机器学习的单一预测模型具有各自的不同特点和适用条件，一种模型无法在不同情况下始终保持最优的预测性能。在采用单一模型对复杂的水文序列进行预测时，模型的选择存在一定的风险，选用的模型可能不适用于所研究的水文变量。针对单一预测模型的局限性，学者们提出了基于加权组合的组合预测模型。加权组合是指通过加权方式将多种单一预测模型的预测结果进行组合得到最终预测值。针对这种组合预测思路，水文领域的学者们进行了一系列相关研究并取得了不错的效果[107-115]。然而，水文时间序列难以直接预测的根本原因在于序列本身的非平稳和非线性特征，加权组合模型并没有对水文序列的复杂性进行处理，因此预测精度的提高效果有限。

小波分析、EMD、集合经验模态分解（ensemble empirical mode decomposition，EEMD）以及 CEEMDAN 等时频分析方法可以将非线性较强的水文序列分解为具有不同周期的多组分量，提取时间序列中蕴含的细部特征，并达到简化复杂原始序列的目的，由此提出的"分解-预测-重构"组合预测模型拥有更强的预测能力。"分解-预测-重构"组合预测模型的具体过程为：利用小波分析等工具把原始水文序列分解为多组分量，选用具体的数理统计和机器学习模型对各个分量进行预测，将分量预测结果重构得到最终预测结果。这种基于时频分析方法的组合模型构建思路能够充分把握水文序列的细部变化特征，明晰内在波动规律，降低数据序列预测难度并充分发挥单一模型的预测能力，达到精确预测的目的，已被应用于水文要素时间序列预测研究中。

钱镜林等[142]利用小波分解将径流时间序列分解为低频项和高频项，分别采用逐步回归法和基于自组织法求解的 Volterra 滤波器对两组分量进行预测，整合预测结果实现径流预报；实例计算表明，该模型具有较好的预测精度。Umut et al.[143]对月降雨量、月平均气温等气象资料进行小波分解，对分量采用多种模型进行预测，预测结果表明基于小波分解和神经网络的组合预测模型具有较高的预测精度。张洪波等[144]结合 EMD 方法和 RBF 神经网络模型构建了"分解-预测-重构"组合预测模型，并对预测误差进行了控制，为类似的非平稳时间序列预测提供参考。Karthikeyan et al.[145]分别利用小波分解和 EMD 方法与自回归模型结合对降雨量进行预测，尽管小波分解相较于 EMD 方法具有局限性，其预测结果仍然具有合理精度。Beltrán - Castro et al.[146]将 EEMD 方法和 ANN 方法相结合构建组合预测模型，对降雨数据进行预测并对比单一模糊神经网络模型的预测精度，该模型的预测能力显著提高。刘艳等[147]构建了 EEMD - ARIMA 径流组合预测模型对玛纳斯河径流量进行预测，该模型预测精度明显优于单一 ARIMA 模型。

1.2.4 研究中存在的问题

（1）在对水文气象要素时间变异的研究中，多是利用时间变异诊断方法对单一时间变异成分（如跳跃变异、趋势变异、周期变异）进行量化，判断出变异点、变异强度、变异趋势和变化周期等，并未将这些衡量时间变异的指标综合起来构建水文气象要素的时间变异指标体系，对整体时间变异测度进行计算与评价。在对空间变异的研究中多运用地统计学的方法，结合变异函数，对空间变异指标如空间变异的相关性、变异强度、各向异性等进行量化识别，很少有研究利用指标体系对空间变异进行甄别和评价。

（2）在对水文气象要素时空变异的研究中，多是将时间变异和空间变异分开研究，分析水文气象要素在时间和空间上的演变规律，很少有研究将时间变异和空间变异有效地结合起来，对水文气象要素的时空变异现状及变异测度进行全面综合的评价。

（3）在降雨-径流关系的时间序列分析研究过程中，更多地是在对单变量趋势性、丰枯演化等演变特征分析的基础上探究降雨-径流关系的变化，但在变化环境下单变量演变特征很难体现降雨-径流关系相依性特点，降雨-径流组合状态的演变与降雨-径流关系非一致性特点有待进一步研究。

（4）针对降雨-径流关系演变的研究，学者们更多地关注如何科学、准确地判定二者关系发生转变的时间拐点及其在不同时段内降雨-径流关系时间上的变化及其驱动因素的影响，且更多的研究停留于时间层面，对于降雨-径流关系的空间变异及影响分析较少，有待进一步研究。

（5）从时频分析方法本身来看，近年来 CEEMDAN 方法在水文学及水资源领域水文变量演化特征分析和水文预测中的应用逐渐增多，但是 CEEMDAN 方法本身仍存在端点效应问题，影响分解精度，导致后续的分析和预测结果难以准确反映水文序列的实际波动特征，影响结论的可靠性。而在以往的研究中这一问题常常被忽视，直接将 CEEMDAN 数据分解方法应用于原始资料，并未对端点效应问题做进一步处理，也未对分解精度的控制进行深入讨论。

（6）从水文变量预测的角度来看，基于时频分析方法的"分解-预测-重构"组合预测模型构建思路已得到广泛应用，但是该类预测模型在预测过程中容易忽略分解方法本身存在的端点效应问题，导致分解结果产生偏差，进而影响预测效果；分解之后对各分量进行预测时，由于各分量拥有不同的波动特点，预测模型的选择应有所区别，如何针对分量的不同特点合理选择预测模型进而提升预测精度有待进一步研究；对原始水文序列进行分解后，得到的高频分量仍然具有较强的非线性特征，给分量预测带来困难，影响最终预测效果，因此如何实现对高频分量的精确预测仍然需要深入讨论。

1.3　本书主要研究内容

本书主要研究内容分为以下三个部分。

（1）第一部分将大清河流域划分为山区和平原区，并对不同区域水文气象要素的时空变异测度进行研究，主要研究内容如下：

1）大清河流域水文气象要素时间变异指标体系的构建及变异测度分析。运用时间变异诊断方法识别出时间变异成分，确定合理的时间变异指标，构建时间变异指标体系；对时间变异指标进行量化，在量化指标的基础上采用主客观权重相结合的方法计算出指标权重，并将该方法与逼近理想解排序方法（technique for order preference by similarity to an ideal solution，TOPSIS模型）相结合对时间变异指标进行综合评价，分析整体时间变异测度，甄别时间变异特性。

2）大清河流域水文气象要素空间变异指标体系的构建及变异测度分析。根据地统计学理论方法确定合理的空间变异指标，构建空间变异指标体系；借助变异函数和克里金插值法对空间变异指标进行量化，在量化的基础上采用熵权法计算指标权重，并将熵权法和 TOPSIS 模型结合对空间变异指标体系进行综合评价，分析空间变异测度，甄别空间变异特性。

3）大清河流域水文气象要素时空变异测度分析。根据确定的时间变异指标和空间变异指标构建时空变异指标体系，利用 TOPSIS 模型对时空变异指标体系进行综合评价，分析水文气象要素时空变异的测度，甄别时空变异特性。

（2）第二部分在理清降雨、径流因素变化规律的基础上，探究降雨-径流组合状态演变、降雨-径流关系非一致性特点及空间变异分析，具体内容如下：

1）大清河流域山区降雨-径流关系演变规律。以大清河流域收集的降雨、径流资料为基础，建立降雨-径流丰枯遭遇概率及降雨-径流组合状态转移矩阵进一步探究降雨-径流关系的丰枯演化。

2）降雨-径流关系非一致性及其驱动因素影响分析。构建降雨-径流关系非一致性模型，探究降雨与径流非一致性特点，进一步以降雨-径流关系演变规律相关结论为参考，考虑区域特点及相关文献成果，分析研究区气候变化及人类活动对径流增减变化的影响。

3）降雨-径流关系空间变异及其影响分析。合理确定受人类活动影响的时段，以现有大清河流域水文气象数据资料为条件，通过 Copula 联合分布概率值量化区域降雨-径流关系，依据 GAMLSS 模型均值时变特点对突变后的时段进行降雨-径流关系的修正，结合地统计学相关知识建立大清河流域山区整体降雨-径流关系空间变异分布，进一步分析三个子流域降雨-径流关系的空间变异性。

（3）第三部分探讨在采用 CEEMDAN 方法对水文要素时间序列进行分解的过程中，数据延拓技术对分解结果的改进效果，并以数据延拓和 CEEMDAN

方法为基础构建不同的组合预测模型对水文要素进行预测，具体研究内容如下：

1）水文要素时间序列延拓-分解研究。采用不同的延拓方法对选定流域各代表水文站点的年降雨量、年径流量资料进行延拓，之后采用 CEEMDAN 方法分解这些延拓序列，并将延拓序列的分解结果与原始序列的分解结果进行对比，讨论端点效应对 CEEMDAN 方法分解结果的影响及数据延拓技术对端点效应的抑制效果和对分解结果的改进情况。

2）水文要素时间序列预测研究。根据第二部分的研究成果，在传统"分解-预测-重构"组合预测模型的基础上提出"延拓-分解-预测-重构"的模型构建思路，并结合这种思想分别构建基于 CEEMDAN 分解与权重优化的组合预测模型、基于混合分解与模型选择的组合预测模型，分别对不同的水文变量进行预测，将各模型的预测结果与未延拓原始序列的模型预测结果对比，探讨数据延拓对组合预测模型预测效果的影响；将所构建模型的预测结果与其他传统水文预测模型预测结果对比，分析不同模型的实际预测效果。

1.4　技术路线

本书的技术路线分为以下四个部分：

（1）资料的收集与整理。以大清河流域为研究区域，结合实地调研、历史观测、文献查阅和资料统计的方法，收集大清河流域山区和平原区的降雨量、气温、蒸发量、径流量和地下水埋深资料。

（2）水文气象要素时空变异性分析。此部分包含以下三个部分：

1）水文气象要素时间变异研究。将时间变异成分分为跳跃变异、趋势变异和周期变异。采用变异点诊断方法（滑动游程检验、有序聚类分析、滑动 t 检验、滑动秩和检验、Mann - Kendall 检验）、相关系数法和多时间尺度熵方法分别对跳跃变异点、变异强度、变异数目、趋势变异强度、趋势变异显著性以及周期变异进行诊断，并以此为变异指标，构建时间变异指标体系。

2）水文气象要素空间变异性研究。运用地统计学中的半变异函数构建大清河流域水文气象要素空间分布模型，并对空间变异强度、空间自相关程度、空间变异方向和空间变异的主要成分进行计算，以此为指标构建空间变异指标体系。

3）水文气象要素时空变异性研究。根据选定的时间变异指标和空间变异指标构建时空变异指标体系，采用主客观权重相结合的方法计算指标权重。将主客观权重方法和 TOPSIS 模型相结合建立指标评价模型，对时间变异、空间变异以及时空变异进行综合评价，并对评价进行分级，最终确定时间变异测度、空间变异测度和时空变异测度。

（3）降雨-径流关系演变及其驱动因素影响分析。此部分内容主要有以下三个部分：

1）降雨-径流关系丰枯演化特征。构建基于 Copula 函数的降雨-径流联合分布模型与基于 Markov 理论的降雨-径流组合状态转移概率矩阵，探讨分析降雨-径流关系的丰枯演化特点。

2）降雨-径流关系非一致性及其驱动因素影响分析。首先构建非一致性模型，依据 GAMLSS 方法构建考虑不同协变量的非一致性模型，分析山区上游主要河流入库控制站的径流非一致性特点，并以阜平站为例结合流量历时曲线研究生态径流与汛期、非汛期降雨相关关系及非一致性特点；然后分析驱动因素影响，降雨-径流关系的驱动因素的影响最为直观的表现是对径流贡献度的变化，采用 Pearson 指数合理分析与降雨因素相关的各气象因素的影响，进一步采用累积量斜率变化率比较法计算分析气候变化及人类活动对径流的影响及相关原因。

3）降雨-径流关系空间变异及其影响分析。首先确定人类活动影响时段，基于对研究区的科学认识进一步合理划分时段；其次进行降雨-径流关系的量化，选用 Copula 联合分布概率值量化降雨-径流关系，表示降雨、径流小于其多年平均量同时发生的概率；然后应用 GAMLSS 均值参数的时变特点对突变后多年平均径流的修正；最后结合地统计学相关知识构建降雨-径流关系的空间变异分布，并对其空间变异影响进行分析。

（4）水文要素时间序列预测研究。此部分内容主要包括以下三个部分：

1）针对 CEEMDAN 方法中存在端点效应影响分解精度的问题，选择数据延拓方法进行解决。将大清河流域山区代表站点的水文要素数据划分为原始序列和标准序列，利用镜像延拓、AR 模型延拓、RBF 神经网络延拓等方法对水文资料的原始序列进行数据延拓得到延拓序列。将相应站点的延拓序列、原始序列、标准序列的 CEEMDAN 分解结果进行对比，讨论数据延拓技术对端点效应的改进效果，并从中选出表现较好的数据延拓方法对 CEEMDAN 分解前的原始数据进行预处理。

2）运用"延拓-分解-预测-重构"的预测模型构建思路，结合 CEEMDAN 方法构建基于权重优化的组合预测模型，通过对分量的预测模型进行选择和优化提升最终预测结果的预测精度。将所构建的组合预测模型的预测结果与其他传统水文预测模型对比，探讨预测模型及数据延拓技术对水文要素时间序列预测效果的改进。

3）为了提高非线性较强的高频本征模态函数 IMF1 分量的预测精度，结合"延拓-分解-预测-重构"思路，构建基于混合分解与模型选择的水文预测模型。通过对 CEEMDAN 分解所得的 IMF1 分量再次进行小波分解来获得更加平稳的分量数据，对所有分量进行预测并重构得到最终预测结果，提高水文要素时间序列的预测精度。

技术路线如图 1.4-1 所示。

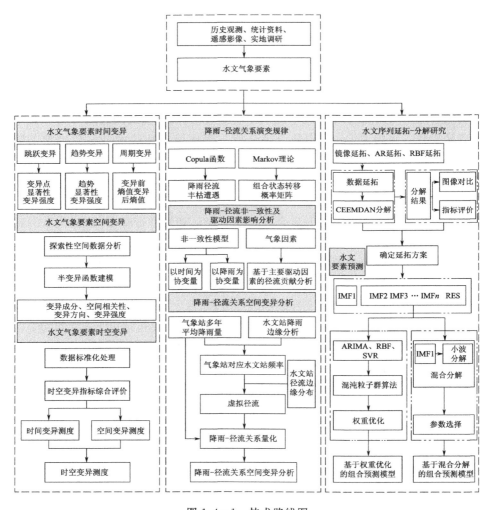

图 1.4-1　技术路线图

第2章

大清河流域概况

2.1 自然地理

大清河流域位于海河流域中部，流域总面积为 43060km²，是一个典型的扇形河流水系，包括大清河山区、大清河淀西平原、大清河淀东平原三个水资源分区和华北平原最大的淡水浅湖型湿地——白洋淀。流域涉及河北、北京、天津、山西四省（直辖市），其中在河北省的面积最大，山西省、北京市、天津市次之；流域包括山区和平原区，山区在流域西部，面积约为 8659km²；平原区在东部，面积约为 24401km²，约占大清河流域总面积的 57%。大清河流域地理位置及主要站点分布如图 2.1-1 所示。

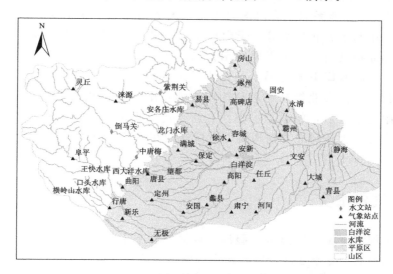

图 2.1-1 大清河流域地理位置及主要站点分布图

2.2 地形地貌

大清河流域地势西北高、东南低，主要地貌有低山区、中山区、丘陵和平原区。大清河流域上游多位于山区并且高程从西北到东南逐渐降低，平均高程 1370.00m，最高点为 2775.00m，包括河北省阜平县、涞源县、易县、涞水县、顺平县和北京市房山区等地。流域中下游大部分属于华北平原区域，主要分布在河北省中东部以及北京市和天津市。大清河下游地势低平，地貌类型简单，地面高程基本上处于 10.00m 以下，大部分地面高程为 0~5.00m。

2.3 河流水系

大清河是海河流域较大的河系，源于太行山的东麓，上游水系主要分为南、北两支。山区建有横山岭、口头、王快、西大洋、龙门、安各庄等大型水库，现阶段上游来水量仍连续且水库仍保持存蓄水功能的主要有王快水库、西大洋水库和安各庄水库。1973 年建设的紫荆关五一渠引水工程，引拒马河水入安各庄水库，为现阶段安各庄水库的主要水源。王快—西大洋水库连通工程始建于 2009 年，于 2012 年完成，设计年引水量 2 亿 m³。

大清河上游水系南支为赵王河水系，大清河流域山区主要河流为磁河、沙河、唐河、府河、瀑河等。口头水库下游部河于新乐以上汇入沙河，横山岭水库下游磁河与王快水库下游沙河于北郭村交汇后称潴龙河。

大清河上游水系北支为白沟河水系，大清河流域山区主要包括拒马河、琉璃河、中易水、北易水等，于山区平原交界后（张坊站以下）分流成南拒马河和北拒马河，其中平原区南拒马河于北河店处接引安各庄水库下游的易水、旺隆水库下游北易水的来水，山区琉璃河、平原区小清河于平原区东茨村以上汇入北拒马河后称为白沟河，南拒马河和白沟河在高碑店市白沟镇附近汇合后，经新盖房枢纽、新盖房分洪道及大清河白沟引河最终汇入白洋淀。大清河北支白沟镇以上流域面积 10151km²，其中张坊以上流域面积 4820km²。

2.4 气象水文

大清河流域属于中温带半湿润气候区，春季干旱多风、夏季炎热多雨、秋季气候凉爽、冬季寒冷少雪，四季分明。大清河流域降水量年内分配不均匀，降雨主要集中在 7—8 月。受具体地形的影响，西部太行山迎风坡多发暴雨，年均降雨量为 0.6～0.75m，背风坡所对应的降雨量整体偏少，年均降雨量为 0.4～0.5m。全年平均气温在 7.6～11.3℃之间，平均最高气温和平均最低温度分别为 16.53℃和 5.43℃，年平均温度相差较大。大清河流域的日照时数充足，年日照时数达 2500～2800h，年日照百分率达 60%左右，其中山区的日照时数略多于平原，涞源县日照时数最长可达 2753.8h；全年主导风向为东北—西南风，年均风速约为 2m/s。

第 3 章

大清河流域山区水文气象
要素时空变异性分析

3.1 研究内容与方法

3.1.1 时间变异

受气候变化和人类活动的影响，流域水文序列的分布形式、特征值在整个时间范围内发生显著的变化，进入另一平稳或处于持续变化中的状态，即水文序列的统计规律不再具有一致性，这种非一致性称为水文时间变异。

水文序列一般由随机性成分和确定性成分组成，随机性成分的统计规律在一个较长的时期内是一致的，因此水文变异的具体形式一般是指水文序列的确定性成分发生变异，确定性成分又包含了跳跃、趋势、周期等成分，因此水文时间变异的具体形式一般是指跳跃变异、趋势变异和周期变异等。本书根据大清河流域地理位置将其分为山区和平原区两个部分，选择山区和平原区的降雨、气温、蒸发，以及山区径流序列和平原区地下水埋深的时间变异指标，评价各序列在时间上的跳跃、趋势和周期变异性。

3.1.1.1 时间变异指标选取

1. 跳跃变异指标选取

在跳跃变异中，对跳跃变异点问题的研究最为广泛且成熟[148-151]，而在非一致性的工程水文计算中，不仅需要对序列发生变异的时间、次数等进行识别和检验，更需要对变异强度进行描述及分级量化。分级量化是对变异强度的一种直观定量描述，是开展流域环境变化及其影响评价的基本前提和依据[152]。除此之外，在判断变异点的基础上，利用滑动游程检验的 Z 统计量对变异点的显著性进行检验，以 0.05 显著水平为标准判断变异点的显著性。因此，本书以跳跃变异强度、跳跃变异点的显著性和跳跃变异数目作为跳跃变异的指标。

2. 趋势变异指标选取

所谓水文序列趋势变异，是指随着时序的推移，序列近似地以线性或非线性的趋势形式发展，其统计规律不再具有一致性，而是时间 t 的函数。在识别趋势的基础上，张应华等[12]对趋势变异的显著性进行了判别。除此之外，对趋势变异的强度进行了分级。因此，在趋势变异中，选取趋势变异的显著性和趋势变异强度作为趋势变异的指标。

3. 周期变异指标选取

周期变异是非一致性水文序列的重要表现形式，主要受地球公转与自转、地质、地理与人类活动的影响形成，它使得水文现象在年内、年际以及更大的时间尺度上呈现出丰—平—枯的周期波动特征，对周期变异的识别是解决非一致水文频率计算问题的首要工作。在周期的研究中多停留在对周期的识别中，肖宏林[22]在识别出时间变异的跳跃变异点之后，利用经验模态分解方法对水文序列的周期成分进行识别，并利用熵权法构建多时间尺度熵，计算变异前后水文序列在不同周期上的熵值，从而判断变异前后不同周期所蕴含的信息量的变化。因此在周期变异中，本书以跳跃变异点为基础，把变异前的多时间尺度熵和变异后的多时间尺度熵作为周期变异的指标，探寻变异前后不同周期蕴含的信息量的变化。

3.1.1.2 时间变异指标计算

1. 跳跃变异分析方法

本书利用滑动游程检验、有序聚类分析[153]、滑动 t 检验、滑动秩和检验和 Mann - Kendall 检验法[154]对变异点进行判别，以出现次数最多的点作为变异点。由于篇幅原因，本书仅介绍滑动 t 检验和滑动秩和检验。

（1）滑动 t 检验的主要过程如下：设变异点 m 前后 2 个序列的总体分布函数分别为 $F_1(x)$ 和 $F_2(x)$，从 $F_1(x)$ 和 $F_2(x)$ 中分别抽取容量为 n_1 和 n_2 的两个样本，则利用其构造的 t 统计量为

$$t = \frac{\overline{x}_1 - \overline{x}_2}{S\sqrt{\frac{1}{n_1} + \frac{1}{n_2}}} \qquad (3.1-1)$$

$$S = \sqrt{\frac{n_1 S_1^2 + n_2 S_2^2}{n_1 + n_2 - 2}} \qquad (3.1-2)$$

式中：$\overline{x}_i$（$i=1,2$）和 S_i（$i=1,2$）分别为样本的均值和方差。

t 服从自由度 $V=n_1+n_2-2$。在给定显著性水平的条件下，通过查 t 分布表得到临界值 t_α，若 $|t|>t_\alpha$，即说明存在显著性差异，对于满足 $|t|>t_\alpha$ 所有可能的点 m，选择使 t 统计量达到最大值的点作为所求的最可能的变异点；否则，认为该点前后的两段子序列均值无明显差异。

（2）滑动秩和检验的主要过程如下：以 m 为分割点，分割点前后序列的总体分布函数为 $F_1(x)$ 和 $F_2(x)$，从总体中分别抽取 2 个样本，其样本容量分别为 n_1 和 n_2，并且假设 $F_1(x)=F_2(x)$。对样本数据进行排序并编号，数据在新的排序中对应的序列称为该数据的秩。把容量小的样本数值的秩之和记为 W，所谓的秩和检验就是对统计量 W 做检验，滑动秩和检验则是利用秩和检验对序列驻点进行分检验，找到满足 $|U|>U_{\alpha/2}$ 所有可能的点，并把 U 达到最大值的点作为最可能变异点。

利用滑动秩和检验指出变异点显著性后，结合常见的显著性水平（0.01、0.02、0.05、0.1）对变异点的显著性进行分级。查正态分布表可知 0.01、0.02、0.05、0.1 对应的 Z 值分别为 2.58、2.33、1.96 和 1.645。水文序列跳跃变异显著性强度分级见表 3.1-1。

表 3.1-1　　　　　　　　　　　水文序列跳跃变异显著性强度分级

区　　间	显著性强度	区　　间	显著性强度
$0\leqslant|Z|<1.645$	无	$2.33\leqslant|Z|<2.58$	中强
$1.645\leqslant|Z|<1.96$	弱	$|Z|\geqslant2.58$	强
$1.96\leqslant|Z|<2.33$	中		

水文序列跳跃变异强度的分级方法借助吴子怡等[9]利用滑动相关系数对跳跃变异强度的分级方法，其跳跃变异强度见表 3.1-2。

表 3.1-2　　　　　　　　　　　水文序列跳跃变异强度

相关系数 r	跳跃变异强度	相关系数 r	跳跃变异强度
$0\leqslant|r|<r_\alpha$	无	$0.6\leqslant|r|<0.8$	中强
$r_\alpha\leqslant|r|<r_\beta$	弱	$0.8\leqslant|r|<1$	强
$r_\beta\leqslant|r|<0.6$	中		

2. 趋势变异分析方法

本书采用 Kendall 秩相关法（Mann - Kendall 检验法）对趋势变异进行分析。具体步骤如下：

设原始时间序列为 $y_1,y_2,y_3,\cdots,y_n$，m_i 为第 i 个样本 $y_i>y_j$ 的累计数，k 为样本取值，定义统计量 d_k 为

$$d_k = \sum_{i=1}^{k} m_i , (2 < k < n) \qquad (3.1-3)$$

在原序列随机独立等假设下，d_k 的均值 $E(d_k)$ 和方差 $Var(d_k)$ 分别为

$$E(d_k) = k \times (k-1) \div 4 \qquad (3.1-4)$$

$$Var(d_k) = k \times (k-1) \times (2 \times k + 5) \div 72 \qquad (3.1-5)$$

将上述公式的 d_k 标准化，得

$$UF_k = \frac{d_k - E(d_k)}{\sqrt{Var(d_k)}} \qquad (3.1-6)$$

式中：UF_k 为标准正态分布。

以显著水平 $\alpha = 0.05$ 作为临界线，若 $|UF_k > U_{\alpha/2}|$，则表明该序列存在显著的变化趋势，反之则没有显著趋势。在此基础上计算出 V 值，并根据 V 值的大小判断趋势变异的显著性。

利用相关系数法对趋势变异的强度进行计算，并且对趋势变异的强度进行分级。其方法和跳跃变异强度计算及分级方法的原理类似，这里不再赘述。

3. 周期变异分析方法

本书在判断出变异点的基础上，利用 CEEMDAN[155] 对水文序列的周期成分进行识别，并利用熵权法构建多时间尺度熵值，计算变异前后水文序列在不同周期上的熵值，从而判断变异前后不同周期所蕴含的信息量的变化。计算过程主要如下：

（1）CEEMDAN 是在 EEMD[156] 基础上发展来的，它解决了模态混淆和重构序列中存在残留噪声的问题，其分解过程具有完整性且几乎无重构误差。其具体算法如下：

1）假设经过 EMD 分解产生的第 k 阶模态分量为 $E_k(\cdot)$，第 j 次加入的服从标准正态分布的白噪声序列为 $w_j(t)$，CEEMDAN 分解后得到的第 i 阶模态为 $f_i(t)$，t 为时间变量。

2）在原始信号 $x(t)$ 中加入噪声分量后进行 EMD 分解。假设第 m 次加入噪声后分解出的一阶模态分量为 $f_{m1}(t)$，则 CEEMDAN 一阶模态分量为

$$f_1'(t) = \frac{1}{M} \sum_{m=1}^{M} f_{j1}(t) , (m = 1, 2, \cdots, M) \qquad (3.1-7)$$

3）计算 CEEMDAN 分解的第一个余量信号 $r_1(t)$，并且向余量信号中加入高斯白噪声分量 $\varphi_1 E_1[w_m(t)]$，求第二阶模态分量，则有

$$r_1(t) = x(t) - f_1'(t) \qquad (3.1-8)$$

$$f_2'(t) = \frac{1}{M} \sum_{m=1}^{M} E_1 \{ r_1(t) + \varphi_1 E_1[w_m(t)] \} \qquad (3.1-9)$$

重复上述步骤，可得第 i 个余量信号和第 $i+1$ 阶模态，当余量信号无法进行 EMD 分解时，CEEMDAN 分解也随之终止。假设最后分解出 K 阶模态，则有

$$r_i(t) = r_{i-1}(t) - f'_1(t) \tag{3.1-10}$$

$$f'_{i+1}(t) = \frac{1}{M} \sum_{m=1}^{M} E_1 \{ r_i(t) + \varphi_i E_i [w_m(t)] \} \tag{3.1-11}$$

$$R(t) = x(t) - \sum_{i=1}^{K} f'_i(t) \tag{3.1-12}$$

（2）多时间尺度熵。Shannon 借鉴热力学的概念，将信息中排除了冗余后的平均信息量称为"信息熵"，并给出了计算信息熵的数学表达式[22]。

若系统变量有 n 种取值：$U_1, U_2, \cdots, U_i, \cdots, U_n$，对应概率为 $P_1, P_2, \cdots, P_i, \cdots, P_n$，且各种取值的出现彼此独立，则此时信源的平均不确定性应为每个符号不确定性 $-\ln P_i$ 统计得到的数学期望，称为信息熵，计算公式为

$$H(U) = E(-\ln P_i) = -\sum_{i=1}^{n} P_i \ln P_i \tag{3.1-13}$$

信息熵表示系统本身所拥有信息量的多少、系统的复杂程度，系统表现得越稳定、越有规律，则该系统对应的信息熵值就越小[157]。

各 IMF 分量的多尺度熵计算过程如下：设原始信号 $x(t)$ 为研究时期内的序列，经过多时间尺度分解得到 m 个不同的 IMF 分量，每个分量包含 n 年的实测分解值，则判定矩阵为

$$\boldsymbol{C} = (C_{(s,t)})_{m \times n}, (s=1, 2, \cdots, m; t=1, 2, \cdots, n) \tag{3.1-14}$$

式中：$C_{(s,t)}$ 为第 s 个 IMF 的第 t 年的实测分解值。

对 m 个 IMF 分量数据进行归一化处理，得到归一化矩阵 $\boldsymbol{B}$，归一化公式为

$$b_{(s,t)} = \frac{C_{(s,t)} - C_{\min}}{C_{\max} - C_{\min}} \tag{3.1-15}$$

式中：$C_{\max}$、$C_{\min}$ 分别表示在同一 IMF 分量下 n 年中的数据的最大值和最小值。

通过式（3.15）可将各 IMF 分量数据归一化到 [0，1] 区间。依据信息熵的计算公式，则第 s 个 IMF 的多时间尺度熵为

$$H(imf_s) = -E(\ln P_t) = -\sum_{t=1}^{n} P_t \ln P_t \tag{3.1-16}$$

3.1.1.3　时间变异评价指标体系构建

根据 3.1.1 节可知，从跳跃变异、趋势变异和周期变异 3 个层面构建时间变异综合评价指标体系：①在跳跃变异方面，选取变异点数目、变异点显著性和变异强度 3 个指标；②在趋势变异方面，选取变异强度和变异显著性 2

个指标；③在周期变异方面，以多时间尺度为基础，选取变异前熵值和变异后熵值为指标，来反映不同周期变异前后所蕴含信息量的变化。建立的大清河流域水文气象要素时间变异综合评价指标体系见表3.1-3。

表3.1-3　　　　　　水文气象要素时间变异综合评价指标体系

目 标 层	准 则 层	指 标 层
时间变异 A₁	跳跃变异 A₁₁	变异强度 A_{111}
		变异显著性 A_{112}
		变异数目 A_{113}
	趋势变异 A₁₂	变异强度 A_{121}
		变异显著性 A_{122}
	周期变异 A₁₃	变异前熵值 A_{131}
		变异后熵值 A_{132}

1. 指标主观权重的确定

层次分析法[158]是由美国运筹学家 Saty 提出的一种层次权重决策分析方法，其基本思想是用目标、准则、方案等层次来表达与决策有关的元素，由此进行定性和定量的分析，层次分析法能够将复杂的问题进行有序的阶梯层次构造，并且通过定量和定性的计算对经验判别进行量化，对决策方案排序，其方法更加简洁，思路更加系统、灵活。计算步骤如下：

（1）建立递阶层次结构模型。递阶层次一般分为目标层、准则层和指标层，时间变异指标体系的递阶层次结构模型见表3.1-3。

（2）构造判断矩阵，并对指标的重要性进行分析比较。矩阵用以判断同一层次各个指标的相对重要性程度。根据心理学家提出的"人为区分信息等级的极限能力为7±2"的研究结论，利用层次分析法在对指标的相对重要程度进行测量时，引入了九分位的相对重要比例标准，构造判断矩阵 **B**。通常用数字1，2，…，9及其倒数作为标度来定义判断矩阵（表3.1-4）。

表3.1-4　　　　　　　　判 断 矩 阵 标 度 定 义

标 度	含 义
1	表示两个因素相比具有同等重要性
3	表示两个因素相比，前者比后者稍重要
5	表示两因素相比，前者比后者明显重要
7	表示两因素相比，前者比后者强烈重要
9	表示两因素相比，前者比后者极端重要
2，4，6，8	表示上述相邻判断的中间值
倒数	若因素 i 和因素 j 之间的重要性之比为 a_{ij}，因素 j 与 i 重要性之比为 $a_{ji}=1/a_{ij}$

（3）计算判断矩阵的最大特征值和特征向量，进行层次单排序和一致性检验。在通过一致性检验的前提下，权重向量用最大特征值对应的特征向量来表示，权重归一化之后得到的数值为各指标权重。

2. 指标客观权重的确定

信息熵用来表示指标的离散程度，且与指标离散程度成反比。若某指标的值均相等，则该指标在评价中无意义。故可利用信息熵计算指标权重。

假设有 m 个待评价项目和 n 个评价指标，形成原始数据矩阵为

$$\boldsymbol{R} = (r_{ij})_{m \times n}, \boldsymbol{R} = \begin{bmatrix} r_{11} & \cdots & r_{1n} \\ \vdots & & \vdots \\ r_{m1} & \cdots & r_{mn} \end{bmatrix} \tag{3.1-17}$$

式中：r_{ij} 为第 j 个指标下第 i 个项目的评价值。

熵权法计算指标权重的步骤如下：

（1）计算第 j 个指标下第 i 个项目的指标值的比重 P_{ij}：

$$P_{ij} = \frac{r_{ij}}{\sum\limits_{i=1}^{m} r_{ij}} \tag{3.1-18}$$

（2）计算第 j 个指标的熵值 e_j：

$$e_j = -k \sum_{i=1}^{m} P_{ij} \ln P_{ij} \tag{3.1-19}$$

式中：$k = \dfrac{1}{\ln m}$。

（3）计算第 j 个指标的熵权 w_j：

$$w_j = \frac{1 - e_j}{\sum\limits_{i=1}^{n}(1 - e_j)} \tag{3.1-20}$$

其中，指标的熵值越小，变异强度越大，在评价中该指标所起到的作用越大，指标的权重越大。

3. 指标综合权重的确定

在主观权重和客观权重确定之后，利用式（3.1-21）来确定指标的综合权重：

$$w_j = \frac{w'_j w''_j}{\sum\limits_{i=1}^{n} w'_j w''_j} \tag{3.1-21}$$

式中：w_j 为指标的综合权重；w'_j 为指标的主观权重；w''_j 为指标的客观权重。

3.1.2 空间变异

3.1.2.1 空间变异指标的选取

地统计学是以区域化结构变量理论为基础，以变异函数[159]为主要工具，研究在空间分布上既有随机性又有结构性，或者空间相关和依赖性的自然现象的学科。

变异函数作为地统计学的基本工具，可以同时描述区域化变量的随机性变化和结构性变化，特别是可以通过随机性特征来反映区域化变量的结构性。其计算公式为

$$\gamma(x,h) = \frac{1}{2}E\{[Z(x) - Z(x+h)]^2\} \tag{3.1-22}$$

式中：$\gamma(x,h)$ 为变异函数值；h 为样点的空间间距，称为步长；$Z(x)$ 为点 x 处变量实测值；$Z(x+h)$ 为与点 x 偏离 h 距离处的变量实测值。

1. 变异函数通过变程反映变量的影响范围

变异函数为单调递增函数，当步长 h 超过某个数之后，$\gamma(h)$ 将保持在一个稳定的极限值附近，不会再单调增加，这种现象被称为"跃迁现象"。该极限值称为基台值，a 称为变程。基台值表示区域化变量的变化幅度，并且与区域化变量的幅度成正比，一般用来表示区域化变量的变异强度；变程表示区域化变量的影响范围，即变量空间变异的尺度，它与区域化变量的影响范围成正比。

2. 块金常数 C_0 表示区域化变量随机性的大小

对于变异函数 $\gamma(h)$，当 h 趋向于 0 时，$\lim\gamma(h) = C_0$ 为常数，这种现象称为"块金效应"，C_0 为块金常数，表示区域化变量随机性的可能程度。

3. 区域化变量的各向异性

当区域化变量在各方向上的变异性相同或者相近时，则区域化变量是各向同性的，反之为各向异性。一般通过比较不同方向上的变异函数，以及基台值和变程大小，判断是否属于各向异性。从而分析区域化变量是属于各向同性还是各向异性。

从以上叙述可知，在空间变异中，空间变异主要可以从变异成分、空间自相关、各向异性和变异强度四个方面确立指标。根据区域化变量的两个性质——结构性和随机性，可以把空间变异的成分分为结构性引起的变异和随机性引起的变异；在空间自相关中，变程反映了自相关范围的大小，而块金值和基台值的比值则反映了自相关的程度，因此把自相关范围和自相关程度作为衡量空间自相关的指标；各向异性表示空间变异不仅和距离有关，还和变异的方向有关系，因此以不同的方向来表示各向异性；基台值的大小反映了区域

化变量在研究范围内变异的强度。故空间变异强度可用基台值进行衡量。

3.1.2.2　空间变异指标的计算

空间变异一般借助于克里金插值法，在变异函数的基础上进行计算。克里金插值法[160]是地统计学中最常用的插值方法，其利用区域化变量的原始数据和变异函数的结构特点，对未采样点的区域化变量进行局部线性无偏最优估计。其表达式[161]如下：

$$Z(x_0) = \sum_{i=1}^{n} \lambda_i Z(x_i) \tag{3.1-23}$$

式中：$Z(x_0)$ 为 x_0 处的预测值；$Z(x_i)$ 为 x_i 处的测量值；λ_i 为克里金权重系数；n 为样本个数。

1. 变异成分和变异强度

根据 3.1.2 节所叙述的指标选取的结果可知，空间变异的成分分为结构性引起的变异和随机性引起的变异。其中，块金值反映区域化变量随机性的大小，偏基台值反映区域化变量结构性的大小，基台值反映区域化变量在研究范围内的变异强度。这些值均可以用克里金插值法计算出来。

2. 空间相关性

在空间自相关中，用变程 a 反映自相关的范围，块金值和基台值的比表示空间自相关的程度，因此把自相关范围和自相关程度作为衡量空间自相关的指标。其中，基台值通常以 25％ 和 75％ 为界，基台值越大，说明样本空间变异更多的是由自然因素引起的，空间自相关性越弱；反之空间自相关性越强。

3. 各向异性

利用 Arcgis 软件进行克里金插值计算时，在限定所选择模型的基础上可以进行各向异性的计算。各向异性为主轴变程和次轴变程之比，比值越接近 1 则表明区域化变量不具有各向异性，反之则具有各向异性。一般至少要求选出四个方向上的变异函数曲线图，比较各个方向上的基台值和变程大小来判断是否属于各向异性，一般主要选取 0°、45°、90°和 135°四个方向计算空间变异函数和参数值。

3.1.2.3　空间变异评价指标体系构建

根据 3.1.2 节中所叙述的内容，在空间变异中，从空间变异成分、空间相关性、各向异性和空间变异强度四个层面构建空间变异综合评价指标体系：①在空间变异成分方面，选取结构性和随机性 2 个指标；②在空间相关性方面，选取空间变异自相关程度和自相关范围 2 个指标；③在各向异性方面，选取 0°、45°、90°和 135°四个方向的各向异性作为指标。根据所选指标建立的水文气象要素空间变异指标综合评价指标体系见表 3.1-5。在选择空间变异综合评价指标后，利用熵权法计算各指标的权重。

表 3.1-5 　　　　　水文气象要素空间变异综合评价指标体系

目　标　层	准　则　层	指　标　层
空间变异 A_2	变异成分 A_{21}	结构性 A_{211}
		随机性 A_{212}
	空间相关性 A_{22}	自相关程度 A_{221}
		自相关范围 A_{222}
	各向异性 A_{23}	$0°$ 方向 A_{231}
		$45°$ 方向 A_{232}
		$90°$ 方向 A_{233}
		$135°$ 方向 A_{234}
	变异强度 A_{24}	

3.1.3　时空变异

3.1.3.1　时空变异指标体系的构建

根据 3.1.1 节和 3.1.2 节构建的时间变异和空间变异综合评价指标体系，构建时空变异综合评价指标体系，见表 3.1-6。

表 3.1-6 　　　　　水文气象要素时空变异综合评价指标体系

变异性	目标层	准则层	指　标　层
时空变异	时间变异 A_1	跳跃变异 A_{11}	变异强度 A_{111}
			变异显著性 A_{112}
			变异数目 A_{113}
		趋势变异 A_{12}	变异强度 A_{121}
			变异显著性 A_{122}
		周期变异 A_{13}	变异前熵值 A_{131}
			变异后熵值 A_{132}
	空间变异 A_2	变异成分 A_{21}	结构性 A_{211}
			随机性 A_{212}
		空间相关性 A_{22}	自相关程度 A_{221}
			自相关范围 A_{222}
		各向异性 A_{23}	$0°$ 方向 A_{231}
			$45°$ 方向 A_{232}
			$90°$ 方向 A_{233}
			$135°$ 方向 A_{234}
		变异强度 A_{24}	

3.1.3.2　时空变异指标体系评价方法

利用 TOPSIS 方法，根据有限评价对象与理想化目标的接近程度进行排序，通过衡量评价对象与最优解、最劣解的距离进行排序。主要计算步骤如下：

（1）将样本数为 m、指标数为 n 的一组数据进行无量纲化处理，得到决策矩阵 $\boldsymbol{Z}_{ij}$：

$$\boldsymbol{Z}_{ij} = \frac{x_{ij}}{\sqrt{\sum_{i=1}^{m}(x_{ij})^2}} \qquad (3.1-24)$$

（2）确定各指标的最优解 z_j^+ 和最劣解 z_j^-，并确定最优解和最劣解间的加权欧式距离 D_i^+ 和 D_i^-：

$$z_j^+ = \max\{z_{1j}, z_{2j}, \cdots, z_{mj}\} \qquad (3.1-25)$$

$$z_j^- = \min\{z_{1j}, z_{2j}, \cdots, z_{mj}\} \qquad (3.1-26)$$

$$D_i^+ = \sqrt{\sum_{j=1}^{n}[w_j(z_{ij}-z_j^+)]^2} \qquad (3.1-27)$$

$$D_i^- = \sqrt{\sum_{j=1}^{n}[w_j(z_{ij}-z_j^+)]^2} \qquad (3.1-28)$$

式中：w_j 为指标 j 的权重。

（3）确定接近度 C_i：

$$C_i = \frac{D_i^-}{D_i^- + D_i^+} \qquad (3.1-29)$$

接近度越接近于 1 表明与最佳方案越接近，对象相对最优，反之则最劣。最终按照对象接近度大小排序。

对于评价等级的划分，参考已有文献研究，将评价等级划分为无、弱、一般、较强、强 5 个等级。TOPSIS 评价等级划分见表 3.1-7。

表 3.1-7　　　　　　　　　　　TOPSIS 评价等级划分

等级	无	弱	一般	较强	强
得分	0～0.2	0.2～0.4	0.4～0.6	0.6～0.8	0.8～1

3.2　水文气象要素时间变异

3.2.1　降雨量时间变异

3.2.1.1　降雨量跳跃变异分析

分别利用滑动游程检验、滑动秩和检验、滑动 t 检验、有序聚类分析和

Mann - Kendall 检验对跳跃变异点和显著性进行检验，检验结果见表 3.2 - 1。由表 3.2 - 1 可知，大清河流域山区降雨量不存在跳跃变异。

表 3.2 - 1 大清河流域山区降雨量跳跃变异点和显著性检验结果

方 法	变异点	显著性
滑动游程检验	无	无
滑动秩和检验	无	无
滑动 t 检验	无	无
有序聚类分析	无	—
Mann - Kendall 检验	无	无

3.2.1.2 降雨量趋势变异分析

利用 Mann - Kendall 检验和累积距平曲线对大清河流域山区降雨量的趋势性进行检验，检验结果如图 3.2 - 1 所示。

分析图 3.2 - 1（a）可知，降雨量的累积距平值无明显的趋势变化，同时图 3.2 - 1（b）中 Mann - Kendall 检验的 UF 统计量一直在 0 上下波动，但没有明显的趋势变化，故大清河流域山区降雨量不存在趋势变异。

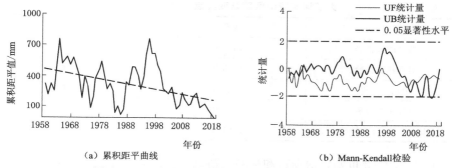

（a）累积距平曲线　　　　　　　　（b）Mann-Kendall检验

图 3.2 - 1　大清河流域山区降雨量趋势变异分析图

3.2.1.3 降雨量周期变异分析

周期变异是以跳跃变异点为基础进行计算的，由于大清河流域山区降雨量不存在跳跃变异，故周期变异也不存在。

3.2.2 气温时间变异

3.2.2.1 气温跳跃变异分析

1. 跳跃变异点

大清河流域山区气温跳跃变异显著性检验和变异强度见表 3.2 - 2。

表 3.2 - 2 大清河流域山区气温跳跃变异显著性检验和变异强度

可能变异点	滑动游程检验 Z 值	显著性强度	相关系数 r	变异强度
1986 年	−2.40	中强	0.488	中
1987 年	−2.54	中强	0.502	中
1989 年	−2.07	中	0.503	中

续表

可能变异点	滑动游程检验 Z 值	显著性强度	相关系数 r	变异强度
1990 年	−2.80	强	0.516	中
1991 年	−2.20	中	0.554	中
1992 年	−2.23	中	0.578	中
1993 年	−2.24	中	0.604	中强

由表 3.2−2 可知，1986 年和 1987 年跳跃变异具有中强显著性，1989 年、1991 年、1992 年和 1993 年跳跃变异具有中显著性，1990 年跳跃变异点具有强显著性。可能的变异点主要集中在 20 世纪 80 年代末 90 年代初，变异强度除了 1993 年呈现中强变异强度外，其余均呈现中等变异强度。

跳跃变异点和显著性进一步检验结果见表 3.2−3。

表 3.2−3　　　　大清河流域山区跳跃变异点和显著性检验

方　　法	变异点	显著性
滑动游程检验	1990 年	显著
滑动秩和检验	1993 年	显著
滑动 t 检验	1993 年	显著
有序聚类分析	1993 年	—
Mann−Kendall 检验	1991 年	不显著

由表 3.2−3 可知，滑动秩和检验、滑动 t 检验和有序聚类分析检测出来的变异点均为 1993 年，其他两种方法检验出来的变异点分别为 1990 年和 1991 年，且 1991 年为不显著的变异点，故本书选取 1993 年为大清河流域山区气温的跳跃变异点。

2. 跳跃变异强度

由表 3.2−2 可知，1993 年气温跳跃变异的相关系数为 0.604，为中强跳跃变异。

3. 跳跃变异显著性

1993 年气温跳跃变异滑动游程检验的 $|Z|$ 值为 2.24，呈现中显著性。以 1993 年为分界点，气温变异前后均值变化如图 3.2−2 所示。

由图 3.2−2 可知，变异前后气温的均值分别为 10.61℃和 11.63℃，气温发生了向上的跳跃，且跳跃幅度为 1.2℃，即在跳跃变异发生之后，气温上升。对比大清河流域平原区气温的变化，山区和平原区发生跳跃变异的年份相同，且跳跃幅度相差不大，说明大清河流域山区和平原区气温跳跃变异基本一致，无明显的差距。

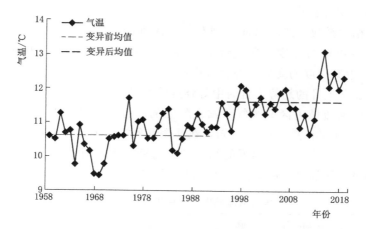

图 3.2-2 大清河流域山区气温变异前后均值变化

3.2.2.2 气温趋势变异分析

1. 趋势变异显著性

大清河流域山区 1959—2019 年气温序列趋势检验结果如图 3.2-3 所示。

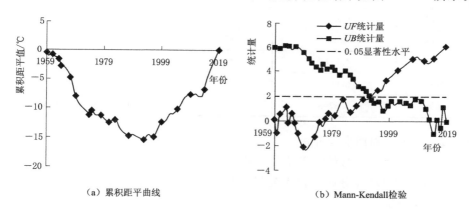

（a）累积距平曲线 　　　　　　　　（b）Mann-Kendall 检验

图 3.2-3 大清河流域山区 1959—2019 年气温序列趋势检验结果

由图 3.2-3（a）可知，大清河流域山区气温呈现先减少后增加的趋势，但是在整体上呈现增加的趋势。

由图 3.2-3（b）可知，1959—2019 年，UF 统计量呈现上下波动趋势，1977 年以后，UF 统计量大于 0，因此在 1977 年以后，气温序列呈现增长的趋势。1993—2019 年 UF 统计量超过了 0.05 显著性水平线，故在 1993 年后，气温呈现显著上升的趋势。通过计算得到气温序列的显著性统计量 $V = 2.526 > 1.96 > 0$，故 1959—2019 年大清河流域山区气温呈现中强显著性上升的趋势。

2. 趋势变异强度

通过相关系数法建立时间序列和气温序列的相关系数，并利用显著性水平区分趋势变异的强度。通过计算可得，时间和气温序列的相关系数 $r=0.468$，为中等强度的变异。综合分析可知，1959—2019 年大清河流域山区气温呈现强显著上升的趋势，且为中等强度的变异。

对大清河流域山区 9 个气象站点气温的趋势变异进行上述分析，计算结果见表 3.2 - 4。由表 3.2 - 4 可知，在 9 个气象站点中，霞云岭、阜平和曲阳等站点不存在趋势变异，剩下的站点的趋势变异均存在强显著性，其中行唐站气温趋势变异的显著性最强，涞源站气温趋势变异的变异强度最强。

表 3.2 - 4　　　　　　　　大清河流域山区站点气温趋势变异

站　点	滑动游程检验 Z 值	显著性强度	相关系数 r	变异强度
霞云岭	−0.338	无	−0.137	无
涞源	4.206	强	0.637	中强
灵丘	3.717	强	0.575	中
阜平	0.151	无	−0.08	无
曲阳	−0.827	无	−0.172	无
行唐	4.905	强	0.758	中强
唐县	4.5789	强	0.723	中强
易县	3.8332	强	0.537	中
满城	3.8798	强	0.611	中强

3.2.2.3　气温周期变异分析

以 1993 年为气温跳跃变异点，对 1959—2019 年大清河流域山区气温序列进行 CEEMDAN 分解，探索变异前后气温序列周期的变化，分解结果如图 3.2 - 4 所示。

由图 3.2 - 4 可知：在气温发生变异之前，气温分别具有 4a、8a 和 12a 的变化周期；气温发生变异之后具有 4a、8a 和 9a 的变化周期。变异前后，气温的短周期和中周期无变化，长周期在变异之后变短，说明气温的上升对短周期和中周期无明显的影响，而对长周期存在一定的影响，但是影响不显著。因此对气温周期变化的研究可集中在高频分量上。变异前后，气温均呈现上升的趋势，从 RES 趋势项的斜率来看，变异前气温上升的速率小于变异后，即在发生变异后，气温增加的速率更加明显。

利用多时间尺度熵的方法，计算变异前后气温 IMF 分量和 RES 趋势项的多时间尺度熵，计算结果见表 3.2 - 5。

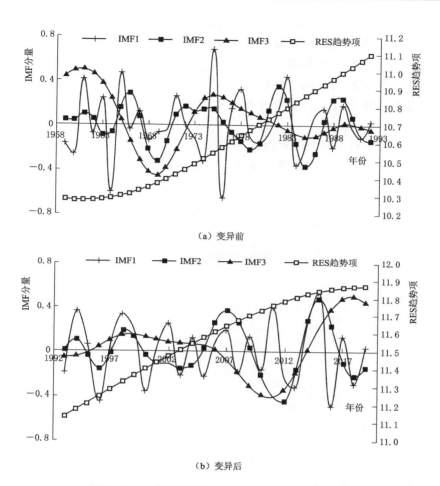

（a）变异前

（b）变异后

图 3.2-4 大清河流域山区气温变异前后分量图

表 3.2-5　　　　大清河流域山区气温变异前后各分量熵值

序　列	IMF1 分量	IMF2 分量	IMF3 分量	RES 趋势项
变异前	0.955	0.948	0.911	0.818
变异后	0.950	0.930	0.924	0.957

由表 3.2-5 可知，气温发生变异前除 RES 趋势项外，IMF1 分量的熵值最大，表明在气温发生变异前高频分量所携带的信息量最多。因此对变异前气温的研究可以集中在 4a 的短周期上，且变异前气温的信息熵不断减小，系统由不稳定向稳定过渡，系统表现得越来越具有规律性，说明受外界因素的影响，各时间尺度气温的复杂性降低。

　　气温发生变异后，IMF1 分量的熵值最大，与变异前相同，高频分量携带的信息量最多，且在变异后 RES 趋势项最大，携带的信息量也较大，因此在变异后对气温的研究除了集中在短周期外，也要注重对整体趋势的研究。变异后气温的信息熵不断减小，系统由不稳定向稳定过渡，系统表现得越来越具有规律性，说明受外界因素的影响，各时间尺度气温的复杂性降低。

　　在此基础上对大清河流域山区 9 个气象站点气温的周期变异进行类似分析，由于分解图类似，仅对周期变异前后的熵值变化进行分析，变异前后各分量熵值变化见表 3.2 - 6。

表 3.2 - 6　　大清河流域山区 9 个气象站点气温变异前后各分量熵值变化

站点	变 异 前				变 异 后			
	IMF1 分量	IMF2 分量	IMF3 分量	RES 趋势项	IMF1 分量	IMF2 分量	IMF3 分量	RES 趋势项
霞云岭	0.969	0.959	0.951	0.927	0.762	0.603	0.677	0.624
涞源	0.943	0.952	0.934	0.725	0.932	0.937	0.901	0.968
灵丘	0.947	0.955	0.938	0.887	0.906	0.930	0.922	0.916
阜平	0.965	0.963	0.945	0.940	0.696	0.734	0.728	0.573
曲阳	0.966	0.965	0.933	0.940	0.675	0.762	0.736	0.625
行唐	0.966	0.957	0.931	0.772	0.947	0.904	0.942	0.958
唐县	0.963	0.959	0.922	0.812	0.939	0.930	0.913	0.965
易县	0.948	0.937	0.934	0.780	0.944	0.955	0.950	0.964
满城	0.955	0.934	0.879	0.740	0.965	0.881	0.932	0.967

　　分析表 3.2 - 6 可知：

　　（1）气温发生变异前，各站点除 RES 趋势项外，IMF1 分量的熵值最大，且除涞源站和灵丘站之外，熵值均逐渐减少，表明在气温发生变异前高频分量所携带的信息量最多，随着波动周期的增加，各分量携带的信息量逐渐减少，系统由不稳定向稳定过渡，且表现得越来越具有规律性。气温发生变异后，各站点熵值的最大值集中在 IMF1 分量和 IMF2 分量上，表明在发生变异后，中高频分量携带的信息量最多。综上所述，1959—2019 年，气温变异前后中高频分量携带的信息量均最多，故变异前后气温的研究可集中在各站点的短周期上。

　　（2）气温发生变异后，涞源站、行唐站、唐县站、易县站和满城站 RES 趋势项的熵值最大，携带的信息量也较大，因此在变异后对气温的研究除了集中在短周期外，也要注重对整体趋势的研究。

3.2.3 蒸发量时间变异

3.2.3.1 蒸发量跳跃变异分析

1. 跳跃变异点

大清河流域山区蒸发量跳跃变异点的显著性和变异强度计算结果见表3.2-7。

表3.2-7　　大清河流域山区蒸发量跳跃变异点的显著性和变异强度计算结果

可能变异点	滑动游程检验Z值	显著性强度	相关系数 r	变异强度
1978 年	-2.056	中	0.490	中
1979 年	-2.843	强	0.557	中
1980 年	-2.062	中	0.538	中
1981 年	-2.574	中强	0.570	中
1982 年	-3.963	强	0.663	中
1983 年	-5.087	强	0.716	中
1984 年	-5.171	强	0.742	中强
1985 年	-5.237	强	0.737	中强
1986 年	-4.523	强	0.679	中强
1987 年	-4.598	强	0.701	中强
1988 年	-3.951	强	0.675	中强
1989 年	-3.337	强	0.667	中
1990 年	-2.739	强	0.656	中

由表3.2-7可知，大清河流域山区蒸发量可能发生跳跃变异的点主要集中在20世纪70年代末和80年代，并且跳跃变异均呈现较强的显著性，以及具有中及中强变异强度。1979年及1982—1990年跳跃变异均具有强显著性，1981年具有中强显著性，1978年和1980年具有中显著性。对于变异强度，1978—1983年及1989年和1990年跳跃变异点具有中变异强度，1984—1988年具有中强变异强度。并且1984年相关系数 r 值最大为0.742，说明虽然跳跃变异点均在强变异强度范围内，但是1984年的变异强度略大于其他跳跃变异点。

大清河流域山区蒸发量跳跃变异点显著性检验结果见表3.2-8。

表3.2-8　　大清河流域山区蒸发量跳跃变异点显著性检验结果

方　法	变异点	显著性
滑动游程检验	1984 年	显著
滑动秩和检验	1984 年	显著

续表

方　　法	变异点	显著性
滑动 t 检验	1986 年	不显著
有序聚类分析	1984 年	—
Mann-Kendall 检验	1984 年/1986 年	显著

由表 3.2-8 可知，在 5 种方法计算结果中，滑动游程检验、滑动秩和检验和有序聚类分析检测出来的变异点均为 1984 年；滑动 t 检验方法检验出来的变异点为 1986 年，且为不显著突变点；Mann-Kendall 检验方法检验出来的变异点为 1984 年和 1986 年，且均为显著突变点。故本书选取 1984 年为大清河流域山区蒸发量跳跃变异点，且该点通过 0.05 显著性水平检验。

2. 跳跃变异强度

根据上述分析可知，1984 年为大清河流域山区蒸发量的跳跃变异点。由表 3.2-7 可知，1984 年跳跃变异的相关系数为 0.742，故 1984 年为中强程度的跳跃变异。

3. 跳跃变异显著性

1984 年滑动游程检验 $|Z|$ 值为 5.171，为强显著性。故在 1984 年，蒸发量跳跃变异呈现强跳跃变异显著性。

以 1984 年为分界，大清河流山区蒸发量跳跃变异前后均值变化如图 3.2-5 所示。

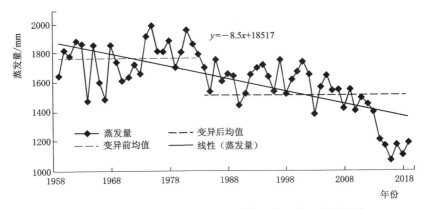

图 3.2-5　大清河流域山区蒸发量跳跃变异前后均值变化

由图 3.2-5 可知，变异前蒸发量的均值为 1761.04mm，变异后蒸发量的均值为 1506.25mm，蒸发量发生了向下的跳跃，且跳跃幅度为 254.79mm，即在变异点之后，蒸发量减少且减少的幅度较大。

3.2.3.2 蒸发趋势变异分析

1. 趋势变异显著性

大清河流域山区 1959—2019 年蒸发量序列趋势检验结果如图 3.2-6 所示。

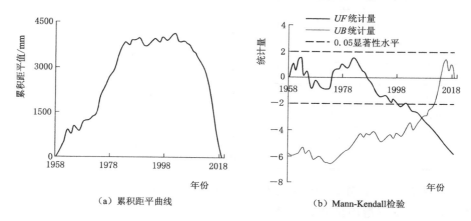

（a）累积距平曲线　　　　　　　（b）Mann-Kendall检验

图 3.2-6　大清河流域山区蒸发量序列趋势检验结果

由图 3.2-6（a）可知，1959—1984 年蒸发量呈增加趋势，1984—2019 年蒸发量虽然有短暂的上升但整体上呈下降趋势，且在 2002 年之后下降速率增加。根据拟合的趋势线斜率小于 0 可知，1959—2019 年大清河流域山区蒸发量整体上呈下降趋势。

由图 3.2-7（b）可知，1966—1974 年及 1987 年以后大清河流域山区蒸发量的 UF 统计量小于 0，且 1998 年以后 UF 统计量超过 0.05 显著性水平，故该时段蒸发量呈下降趋势且在 1998 年以后下降趋势显著。由显著性统计量 $V=-5<0$ 可知，1959—2019 年大清河流域山区蒸发量呈强显著减少趋势。

2. 趋势变异强度

利用相关系数法计算得到时间和蒸发量序列的相关系数 $r=-0.784<0$，因此蒸发量呈强烈减少的变化趋势，且蒸发量趋势变异强度为强变异。

综合可知，1959—2019 年大清河流域山区蒸发量呈强显著减少趋势，且该变异为强变异。查阅资料可知，影响蒸发皿蒸发量的因素有很多，而大多数认为是由于太阳辐射和日照时数显著下降以及平均风速和气温日较差减少导致[161]。张鑫[162]研究发现，蒸发量与日照时数呈 0.05 显著性水平的正相关，说明大清河流域山区蒸发量的显著减少和日照时数的变化有关。

大清河流域山区 9 个气象站点蒸发量趋势变异计算结果见表 3.2-9。

表 3.2-9　　大清河流域山区 9 个气象站点蒸发量趋势变异计算结果

站点	滑动游程检验 Z 值	显著性强度	相关系数 r	变异强度
霞云岭	−1.875	无	−0.317	中
涞源	−6.058	强	−0.852	强
灵丘	−3.413	强	−0.596	中
阜平	−5.557	强	−0.792	中强
曲阳	−5.557	强	−0.732	中强
行唐	−4.858	强	−0.734	中强
唐县	−3.938	强	−0.538	中
易县	−3.111	强	−0.503	中
满城	−2.913	强	−0.457	中

由表 3.2-9 可知，大清河流域山区蒸发站点的相关系数均小于 0，说明各个站点的蒸发量均呈减少的趋势变异。其中，涞源站的变异强度最大，为强变异；霞云岭站变异强度最小，为中度变异。总体来看，无论是从整个区域还是从单个站点上分析，大清河流域山区蒸发量均具有显著减少的趋势且减少的强度较大。

3.2.3.3　蒸发量周期变异分析

以 1984 年为蒸发量跳跃变异点，对 1959—2019 年大清河流域山区蒸发量序列进行 CEEMDAN 分解，探索变异前后蒸发量序列周期的变化，分解结果如图 3.2-7 所示。

由图 3.2-7（a）可知，大清河流域山区蒸发量发生变异前具有 4a 的短周期和 8a 的中周期，因研究时段较短未完全显示长周期，根据 IMF3 分量的波动规律估计长周期为 18a，且 RES 趋势项呈减少趋势；由图 3.2-7（b）可知，在发生变异后，大清河流域山区蒸发量分别具有 4a、8a、23a 的周期，且趋势项也呈减少趋势。对比变异前后大清河流域山区蒸发量的周期变化可知，在变异前后蒸发量波动的短周期和中周期未发生变化，长周期显著增加，说明蒸发量的变异对短周期和中周期无影响而对长周期的影响较大，因此对大清河流域山区蒸发量的研究可集中在长时间尺度上。

大清河流域山区蒸发量变异前后各分量熵值见表 3.2-10。

表 3.2-10　　大清河流域山区蒸发量变异前后各分量熵值

序列	IMF1 分量	IMF2 分量	IMF3 分量	RES 趋势项
变异前	0.899	0.893	0.735	0.920
变异后	0.966	0.945	0.940	0.928

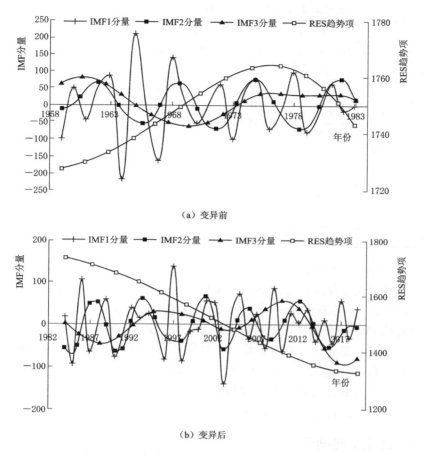

（a）变异前

（b）变异后

图 3.2-7 大清河流域山区蒸发量变异前后分量图

由表 3.2-10 可知，蒸发量发生变异前，除 RES 趋势项外 IMF1 分量的熵值最大，表明在蒸发量发生变异前高频分量携带的信息量最多，并且波动频率的降低分量携带的信息量逐渐减少。因此对蒸发量发生变异前的研究可以集中在短周期上。

发生变异后蒸发量 IMF1 分量的熵值最大，表明在变异后和变异前相同，高频分量携带的信息量最多；变异后，随着波动周期的增加熵值逐渐减小，表明在变异后，随着波动周期的增加各分量携带的信息量逐渐减少，系统由不稳定向稳定过渡且表现得越来越具有规律性，并且变异后各分量的熵值均大于变异前同分量的熵值，说明在变异前系统的稳定性更强。

在以上分析基础上对大清河流域山区 9 个气象站点蒸发量的周期变异进行类似分析，各分量变异前后熵值变化见表 3.2-11。

表 3.2 - 11   大清河流域山区 9 个气象站点蒸发量变异前后各分量熵值

站点	变 异 前				变 异 后			
	IMF1 分量	IMF2 分量	IMF3 分量	RES 趋势项	IMF1 分量	IMF2 分量	IMF3 分量	RES 趋势项
霞云岭	0.605	0.543	0.630	0.597	0.971	0.968	0.951	0.885
涞源	0.899	0.929	0.885	0.926	0.959	0.942	0.919	0.821
灵丘	0.868	0.897	0.881	0.885	0.980	0.940	0.919	0.873
阜平	0.946	0.957	0.953	0.933	0.918	0.939	0.859	0.820
曲阳	0.962	0.914	0.908	0.950	0.970	0.941	0.902	0.915
行唐	0.932	0.946	0.949	0.907	0.949	0.947	0.770	0.781
唐县	0.915	0.878	0.867	0.893	0.975	0.944	0.938	0.831
易县	0.873	0.890	0.829	0.914	0.939	0.951	0.964	0.854
满城	0.948	0.963	0.919	0.966	0.935	0.929	0.747	0.868

分析表 3.2 - 11 可知：

（1）蒸发量变异前，除 RES 趋势项外，各 IMF 分量熵值的最大值主要集中在 IMF2 分量上，也有少许站点熵值的最大值集中在 IMF1 分量和 IMF3 分量上；且在变异前 IMF 分量的变化无明显规律，即系统稳定性的变化无明显规律。

（2）蒸发量变异后，除易县站和阜平站外，其他站点 IMF1 分量的熵值均为最大值，且随着波动周期的增加熵值逐渐减小，表明在发生变异前高频分量所携带的信息量最多且随着波动周期的增加，各分量携带的信息量逐渐减少，系统的稳定性增强且越来越具有规律性。

3.2.4 径流量时间变异

3.2.4.1 径流量跳跃变异分析

1. 跳跃变异点

大清河流域山区径流量跳跃变异点的显著性和变异强度见表 3.2 - 12。

表 3.2 - 12   大清河流域山区径流量跳跃变异点的显著性和变异强度

可能变异点	滑动游程检验 Z 值	显著性强度	相关系数 r	变异强度
1964 年	−5.79	强	0.748	中强
1965 年	−5.25	强	0.752	中强
1979 年	−3.07	强	0.693	中强

由表 3.2 - 12 可知，大清河流域山区径流量可能发生变异的点为 1964 年、1965 年和 1979 年，并且这三个跳跃变异点均呈现中强变异和强显著性。

大清河流域山区径流量跳跃变异点和显著性检验结果见表 3.2 - 13。

表 3.2 - 13　　　大清河流域山区径流量跳跃变异点和显著性检验结果

方　法	变异点	显著性
滑动游程检验	1964 年	显著
滑动秩和检验	1965 年	显著
滑动 t 检验	1979 年	显著
有序聚类分析	1997 年	—
Mann - Kendall 检验	1979 年	显著

由表 3.2 - 13 可知，滑动游程检验判别出 1964 年为显著跳跃变异点，滑动秩和检验判别出 1965 年为显著跳跃变异点，滑动 t 检验和 Mann - Kendall 检验判别出 1979 年为显著变异点。结合文献 [163]，最终确定 1979 年为径流量跳跃变异点。

2. 跳跃变异强度

由表 3.2 - 12 可知，1979 年径流量跳跃变异的相关系数为 0.69，结合跳跃变异强度量化分区可知，该跳跃变异强度为中强程度的变异。故 1979 年径流量跳跃变异为中强程度的变异。

3. 跳跃变异显著性

1979 年径流量跳跃变异滑动游程检验 $|Z|$ 为 3.07，结合跳跃变异显著性分区表可知，该显著性为强显著性。故 1979 年径流量跳跃变异呈现强变异显著性。

大清河流域山区径流量序列及变异前后均值变化如图 3.2 - 8 所示。

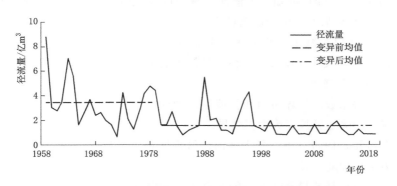

图 3.2 - 8　大清河流域山区径流量序列及变异前后均值变化

由图 3.2 - 8 可知，大清河流域山区径流量呈减少趋势，并且以 1979 年为跳跃变异点，发生跳跃变异前径流量的均值为 3.38 亿 8m³，发生跳跃变异后径流量的均值为 1.50 亿 m³，说明在发生变异后，径流量迅速减少。分析其原因

可以发现，1980年为社会经济发展变化的拐点，而经济社会的发展离不开水资
源。随着经济社会的发展和城市化进程的加快，取用水量显著增加，这是导致
在1979年径流量发生显著跳跃变异的一个重要原因。

3.2.4.2　径流量趋势变异分析

1. 趋势变异显著性

利用累积距平曲线和Mann-Kendall检验对大清河流域山区1959—2019年
径流量进行趋势检验，检验结果如图3.2-9所示。

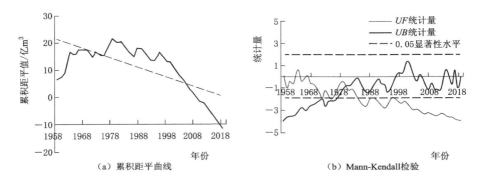

图3.2-9　大清河流域山区径流量趋势检验图

由图3.2-9（a）可知，1959—1978年大清河流域山区径流量呈增加趋势，
1979—2019年呈减少趋势。根据拟合的趋势线斜率小于0可知，1959—2019年
大清河流域山区径流量整体上呈减少趋势。

由图3.2-9（b）可知，大清河流域山区径流量UF统计量整体上小于0，
并且在1984年以后UF统计量超过0.05显著性水平，说明径流量呈减少趋势，
并且在1984年以后减少趋势显著。由显著性检验量$V=-6.805<0$可知，在
1959—2019年，大清河流域山区径流量整体上呈强显著减少的趋势。

2. 趋势变异强度

利用相关系数法计算时间和径流量序列的相关系数$r=-0.624$，由此可以
看出径流量趋势变异强度为中强变异。

综合可知，1959—2019年大清河流域山区径流量呈显著减少的趋势，并且
该变异为中强程度变异。

在计算分析径流量趋势变异的基础上，对径流控制站点的趋势变异进行计
算，计算结果见表3.2-14。

由表3.2-14可知，在径流控制站点中，4个站点的Z值和相关系数r均小
于0，说明4个站点的径流量均呈减少趋势，且均为强显著性，除倒马关站为中
强变异外，其余站点为中等变异强度。

表 3.2-14　　　　　　　　　大清河山区径流量趋势变异

站点	滑动游程检验 Z 值	显著性强度	相关系数 r	变异强度
阜平	−3.90	强	−0.50	中
中唐梅	−4.16	强	−0.52	中
倒马关	−6.79	强	−0.74	中强
紫荆关	−5.39	强	−0.58	中

分析原因可知，径流量的变化主要受降雨量和人类活动的影响，根据 3.2.1 节对降雨量的分析可知，大清河流域山区的降雨量在研究时段内未发生显著的变化，但是径流量却锐减。因此，径流量的变化主要是受到了人类活动的影响。1980 年为经济社会迅速发展的拐点，随着经济社会的发展人们取用水量逐渐增加，这在一定程度上导致了径流量的锐减。除此之外，自然或者人为因素影响引起的下垫面变化也是造成径流量锐减的一个因素。

3.2.4.3　径流周期变异分析

以 1979 年为径流量跳跃变异点，对 1959—2019 年大清河流域山区径流量序列进行 CEEMDAN 分解，探索变异前后径流量序列周期的变化，分解结果如图 3.2-10 所示。

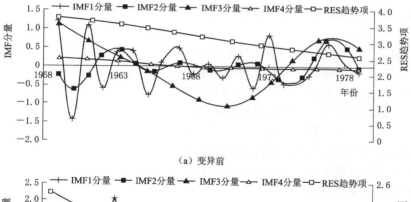

（a）变异前

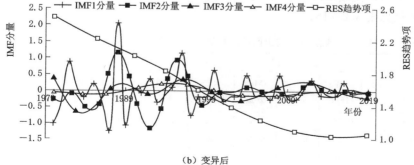

（b）变异后

图 3.2-10　大清河流域山区径流量变异前后分量图

由图 3.2-10（a）可知，径流量在未发生变异前分别具有 4a 的短周期、6a 的中周期和 21a 的长周期，并且 RES 趋势项呈减少的趋势；在变异发生后，径流量分别具有 3a 的短周期、8a 的中周期和 16a 的长周期，且 RES 趋势项和未发生变异前相同，均呈减少的趋势。对比径流量变异前后的周期变化可知：在变异后，径流量的中周期和长周期增加，说明径流量的变异对短周期基本无影响而对中长周期的影响较大，因此对大清河流域山区径流量的研究可以集中在中长时间尺度上。

利用多时间尺度熵的方法，计算变异前后径流量的 IMF 分量和 RES 趋势项的多时间尺度熵，计算结果见表 3.2-15。

表 3.2-15　　　　　　　　　径流量变异前后各分量熵值

序列	IMF1 分量	IMF2 分量	IMF3 分量	RES 趋势项
变异前	0.965	0.960	0.918	0.924
变异后	0.962	0.964	0.966	0.886

由表 3.2-15 可知，径流量发生变异前，除 RES 趋势项外 IMF1 分量的熵值最大，表明在径流量发生变异前高频分量携带的信息量最多，并且波动频率的降低分量携带的信息量逐渐减少。因此对变异前径流量的研究可以集中在短周期之上。变异前随着波动周期的增加熵值逐渐减小，表明在变异前，随着波动周期的增加各分量携带的信息量逐渐减少，系统由不稳定向稳定过渡且表现得越来越具有规律性。

径流量发生变异后径流量 IMF3 分量的熵值最大，IMF1 分量的熵值最小，表明在发生变异后低频分量携带的信息量最多，并且随着波动频率的升高分量携带的信息量逐渐减少。因此对变异后径流量的研究可以集中在长周期之上；变异后，随着波动周期的增加熵值逐渐增加，表明在变异后随着波动周期的增加各分量携带的信息量逐渐增加，并且在变异后系统逐渐变得更加不稳定。对比变异前后可发现在变异前系统的稳定性高于变异后的稳定性。

对大清河流域山区站点的径流量周期变异进行类似分析，各分量变异前后熵值变化见表 3.2-16。

表 3.2-16　　　　大清河流域山区站点径流量变异前后各分量熵值

站点	变异前					变异后				
	IMF1 分量	IMF2 分量	IMF3 分量	IMF4 分量	RES 趋势项	IMF1 分量	IMF2 分量	IMF3 分量	IMF4 分量	RES 趋势项
阜平	0.930	0.960	0.920	0.960	0.950	0.960	0.970	0.980	0.910	0.890
中唐梅	0.933	0.935	0.897	0.820	0.920	0.966	0.968	0.961	0.882	0.870
倒马关	0.959	0.950	0.909		0.870	0.957	0.965	0.953		0.892
紫荆关	0.948	0.960	0.921	0.880	0.910	0.956	0.971	0.947	0.918	0.910

分析表 3.2 - 16 可知：

（1）径流量发生变异前，除去 RES 趋势项，大清河流域山区各 IMF 分量熵值的最大值主要集中在 IMF2 分量上；且在变异前 IMF 分量的变化无明显规律，即系统稳定性的变化无明显规律。

（2）径流量发生变异后，除了阜平站之外，其他站点 IMF2 分量的熵值均为最大值，并且之后熵值逐渐减小，表明径流量发生变异后中唐梅站、倒马关站和紫荆关站中高频分量携带的信息量最多，并且随着波动周期的增加各分量携带的信息量逐渐减少，系统的稳定性增强且越来越具有规律性。而阜平站 IMF3 分量的熵值最大，说明阜平站径流量中频分量携带的信息量最多。

3.3　水文气象要素空间变异

3.3.1　降雨量空间变异

对大清河流域山区不同气象站点的降雨数据求年平均值，得到 1959—2019 年大清河流域山区的年平均降雨量数据，并进行正态分布检验，结果见表 3.3 - 1。由表 3.3 - 1 可知，Kolmogorov - Smirnov 检验（K - S 检验）的 D 值小于临界值，故符合正态分布。因此可以采用地统计分析工具对其进行相关分析。

表 3.3 - 1　　　　　　大清河流域山区降雨量描述性统计量

统计项	最大值	最小值	均值	标准差	D 值
年平均降雨量	621.92	410.35	526.52	60.83	0.132

依据年平均降雨量数据计算相应变异函数值并与变异函数的理论模型进行拟合，得到最优的拟合模型及其参数（表 3.3 - 2）。由表 3.3 - 2 可知，球状模型为最优模型。

表 3.3 - 2　　　　　　变异函数模型及参数

理论模型	块金值（C_0）	基台值（C_0+C）	块基比	变程/m	均方根误差	标准平均值误差
高斯模型	2572.16	3820.98	0.67	176789.26	65.03	0.008
指数模型	531.25	4156.05	0.13	176789.30	64.47	−0.01
球状模型	1962.91	3849.32	0.51	176789.26	64.28	0.005

对大清河流域山区降雨量进行交叉验证以检验空间插值的整体精度，普通克里金插值交叉验证值见表 3.3 - 3。

表 3.3-3　　　　　　　　　普通克里金插值交叉验证值

插值方法	平均误差	均方根误差	标准平均值误差	标准化均方根误差	平均标准误差
普通克里金	0.64	64.27	0.005	1.08	59.15

由表 3.3-3 可知，普通克里金插值交叉验证的标准平均值误差为 0.005，平均误差为 0.64；平均标准误差和均方根误差相差 5.12，且平均标准误差小于均方根误差，标准化均方根误差略大于 1。以上表明拟合模型的选取和所选择的参数在整体上是合理的，但是预测值偏低。

通过上述步骤确定拟合模型的选取和所选择的参数合理后，便能利用选择的空间变异性指标进行空间变异性评价，分析结果如下：

（1）空间相关性。根据表 3.3-2 可知，球状模型的块金值为 1962.91，基台值为 3849.32，变程为 176789.26m，故大清河流域山区降雨量的块基比为 51%，说明大清河流域山区降雨量呈现中等程度空间自相关性。又因球状模型的变程为 176789.26m，说明在该范围内区域化变量均具有自相关性，并且随着距离的增加自相关性逐渐减小，当空间点的距离超过该距离时，区域化变量不再具有空间自相关性。

（2）变异成分和变异强度。由以上计算可知，球状模型的块基比为 51%，说明由随机因素引起的降雨量异质性占空间总异质性的 51%，而结构性引起的空间异质性占空间总变异性质的 49%，表明随机性和结构性因素对山区降雨量空间变异的影响相当。

（3）各向异性。根据选取的 0°、45°、90°和 135°四个方向，计算各个方向上的各向异性比，大清河流域山区降雨量的各向异性分析结果见表 3.3-4。

表 3.3-4　　　　　　大清河流域山区降雨量的各向异性分析结果

方向/(°)	函数模型	主变程/m	次变程/m	各向异性比
0	高斯函数	160717.5	166467.4	0.965
45	高斯函数	221635.0	160717.5	1.379
90	高斯函数	166467.4	160717.5	1.036
135	高斯函数	160717.5	221635.0	0.725

由表 3.3-4 可知，区域化变量在 0°和 90°方向上的各向异性比接近于 1，而在 45°和 135°方向上的各向异性比和 1 相差较大，因此区域化变量在 0°和 90°方向上的空间变异性不仅和距离存在关系，还与不同站点之间的方向有关，而在 45°和 135°方向上区域化变量的空间变异性只与距离有关，即在这两个方向上只存在各向同性。将大清河流域山区降雨量和平原区降雨量的空间变异相比较可以发现，降雨量在山区和平原区具有相同的变化趋势。

3.3.2 气温空间变异

对大清河流域山区不同气象站点的气温数据求年平均值，得到1959—2019年大清河流域山区的年平均气温数据，并进行正态分布检验，结果见表3.3-5。经过K-S检验发现，原始数据不服从正态分布，故进行Box-Cox变换，变换之后的结果符合正态分布。因此可以采用地统计分析工具对其进行相关分析。

表3.3-5 大清河流域山区气温描述性统计量

统计项	最大值	最小值	均值	标准差	D值
年平均气温	12.88	7.65	11.13	2.03	0.243

依据山区年平均气温数据计算相应变异函数值并与变异函数的理论模型进行拟合，得到最优的拟合模型及其参数见表3.3-6。由表3.3-6可知，指数模型为最优模型。

表3.3-6 变 异 函 数 模 型 选 择

理论模型	块金值（C_0）	基台值（C_0+C）	块基比	变程/m	均方根误差	标准平均值误差
高斯模型	0.0128	12.82	0.001	214958.8	1.39	−0.24
指数模型	0	8.49	0	311746.4	1.52	−0.008
球状模型	0	11.85	0	11746.4	1.46	−0.03

选取平均误差、均方根误差、标准平均值误差、标准化均方根误差、平均标准误差等五个指标进行交叉验证以检验空间插值的整体精度。普通克里金插值交叉验证值见表3.3-7。

表3.3-7 普通克里金插值交叉验证值

插值法	平均误差	均方根误差	标准平均值误差	标准化均方根误差	平均标准误差
普通克里金	−0.033	1.515	−0.008	0.74	1.91

分析表3.3-7可知，该插值交叉验证的标准平均值误差为−0.008，平均误差为−0.033；平均标准误差和均方根误差相差0.395，且平均标准误差大于均方根误差，标准化均方根误差小于1。以上表明拟合模型的选取和所选择的参数在整体上是合理的，但是预测值偏高。

通过上述步骤确定拟合模型的选取和所选择的参数合理后，便能利用选择的空间变异性指标进行空间变异性评价，分析结果如下：

（1）空间相关性。由表3.3-6可知，指数模型的块金值为0，基台值为8.49，变程为311746.4m，故气温的块基比为0，说明大清河流域山区气温具有强空间自相关性。由于变程为311746.4m，说明在该范围内区域化变量均具有自相关性，并且随着距离的增加自相关性逐渐减小，当空间点的距离超过该距离时，区域化变量不再具有空间自相关性。

（2）空间变异成分与变异强度。由上述计算可知，大清河流域山区气温的块基比为 0，说明山区气温的空间结构不具有空间自相关性，即山区气温的空间变异是由结构性引起的。

（3）各向异性。根据选取的 0°、45°、90°和 135°四个方向，计算各个方向上的各向异性比，大清河流域山区气温各向异性分析结果见表 3.3-8。

表 3.3-8　　　　　大清河流域山区气温各向异性分析结果

方向/(°)	函数模型	主变程/m	次变程/m	各向异性比
0	指数函数	190258.0	266889.4	0.712
45	指数函数	311746.4	153238.1	2.034
90	指数函数	266889.4	190258.0	1.402
135	指数函数	153238.1	311746.4	0.492

由表 3.3-8 可知，区域化变量在所选的方向上的各向异性比均和 1 相差较大，因此在这四个方向上区域化变量呈现各向异性，即在 0°、45°、90°和 135°四个方向上区域化变量的空间变异性不仅与站点之间的距离有关，还与站点之间的方向有关系。

3.3.3　蒸发量空间变异

利用地统计学的方法，依据大清河流域山区年平均蒸发量数据计算相应变异函数值并与变异函数的理论模型进行拟合，得到最优的拟合模型及其参数（表 3.3-9）。

表 3.3-9　　　　　　变异函数模型及参数

理论模型	块金值（C_0）	基台值（C_0+C）	块基比	变程/m	均方根误差	标准平均值误差
高斯模型	3677.33	12276.3	0.30	239961.2	64.22	−0.025
指数模型	0	14545.67	0	339964.0	65.45	−0.044
球状模型	3256.12	13544.45	0.24	334566.0	65.28	−0.059

由表 3.3-9 可知，高斯模型的参数更符合要求，故选取高斯模型为最优模型。

模型选定后，对所选模型进行交叉验证以检验空间插值的整体精度，普通克里金插值交叉验证值见表 3.3-10。

表 3.3-10 普通克里金插值交叉验证值

插值法	平均误差	均方根误差	标准平均值误差	标准化均方根误差	平均标准误差
普通克里金	−0.08	64.22	−0.025	1.15	63.98

分析表 3.3-10 可知，该插值交叉验证的标准平均值误差为 −0.025，平均误差为 −0.08；平均标准误差和均方根值误差大致相等，标准化均方根误差接近于 1。以上分析表明拟合模型的选取和所选择的参数在整体上是合理的，预测值略微偏小。

通过上述步骤确定拟合模型的选取和所选择的参数合理后，便能利用选择的空间变异性指标进行空间变异性评价，分析结果如下：

（1）空间自相关性。由表 3.3-9 可知，高斯模型的块金值为 3677.33，基台值为 12276.3，变程为 239961.2m，计算得大清河流域山区蒸发量的块基比为 30%，说明大清河流域山区蒸发量空间结构具有中等的空间自相关性，且在变程范围内区域化变量均具有自相关性，并且随着距离的增加自相关性逐渐减小，当空间点的距离超过该距离时，区域化变量不再具有空间自相关性。

（2）空间变异成分与变异强度。由上述计算可知，高斯模型的块基比为 30%，说明由随机因素引起的蒸发量的异质性占空间总异质性的 30%，而结构性引起的空间异质性占空间总变异性质的 70%，表明在大清河流域山区蒸发量空间变异中，由于结构性引起的变异在空间变异中占主要部分。

（3）各向异性。根据选取的 0°、45°、90°和 135°四个方向，计算各个方向上的各向异性比，大清河流域山区蒸发量各向异性分析结果见表 3.3-11。

表 3.3-11 大清河流域山区蒸发量各向异性分析结果

方向/(°)	函数模型	主变程/m	次变程/m	各向异性比
0	高斯函数	88450	125630	0.704
45	高斯函数	12678	17890	0.708
90	高斯函数	125630	88450	1.420
135	高斯函数	17890	12678	1.410

由表 3.3-11 可知，区域化变量在所选的四个方向上的各向异性比和 1 相差较大，说明在 0°、45°、90°和 135°四个方向上大清河流域山区蒸发量变异表现为各向异性，即在所选的四个方向上的空间变异性不仅与距离存在关系，还与站点之间的方向有关。

3.3.4 径流量空间变异

利用地统计学的方法，依据年平均径流量数据计算相应变异函数值并与变异函数的理论模型进行拟合，得到最优的拟合模型及其参数见表3.3-12，并基于均方根误差最小、标准平均值误差最接近于0的要求选取最优的模型。

表3.3-12　　　　　　　　变异函数模型选择

理论模型	块金值（C_0）	基台值（C_0+C）	块基比	变程/m	均方根误差	标准平均值误差
高斯模型	0.12	0.21	0.57	0.81	0.464	0.005
指数模型	0	0.22	0	0.81	0.465	−0.006
球状模型	0.07	0.21	0.33	0.81	0.471	0.009

由表3.3-12可知，高斯模型的参数更符合要求，故选取高斯模型为最优模型。

通过上述步骤确定拟合模型的选取和所选择的参数合理后，便能利用选择的空间变异性指标进行空间变异性评价，分析结果如下：

（1）空间相关性。由表3.3-12可知，高斯模型的块金值为0.12，基台值为0.21，变程为0.81m，故径流量的块基比为57%，说明大清河流域山区径流量空间结构具有中等的空间自相关性，且在变程范围内区域化变量均具有自相关性，并且随着距离的增加自相关性逐渐减小，当空间点的距离超过该距离时，区域化变量不再具有空间自相关性。

（2）空间变异成分与变异强度。由表3.3-12可知，高斯模型的块基比为57%，说明在径流量的空间结构中由随机因素引起的径流量异质性占空间总异质性的57%，而结构性引起的空间异质性占空间总变异性质的43%，表明在径流量的空间变异中，由于随机性引起的变异在空间变异中占主要部分。

（3）各向异性。根据选取的0°、45°、90°和135°四个方向，计算各个方向上的各向异性比，大清河流域山区径流量各向异性分析结果见表3.3-13。

表3.3-13　　　　　大清河流域山区径流量各向异性分析结果

方向/（°）	函数模型	主变程/m	次变程/m	各向异性比
0	高斯函数	0.809	0.925	0.874
45	高斯函数	1.496	0.809	1.850
90	高斯函数	0.925	0.809	1.144
135	高斯函数	0.809	1.496	0.541

由表3.3-13可知，区域化变量在0°和90°方向上的各向异性比分别为0.874和1.144，较接近于1，因此在0°和90°方向上的各向异性不是太明显；在45°和135°方向上的各向异性比分别为1.850和0.541，说明区域化变量在45°和135°方向上表现为各向异性。即所选的四个方向上，在0°和90°方向上

空间变异只与距离有关，而在 45°和 135°方向上的空间变异不仅与距离有关系，还与站点之间的方向有关。

3.4　水文气象要素时空变异测度

3.4.1　气温时空变异测度

3.4.1.1　气温时间变异测度分析

大清河流域山区气温时间变异指标权重计算结果见表 3.4-1。

表 3.4-1　　大清河流域山区气温时间变异指标权重计算结果

目标层	准则层	主观权重	客观权重	综合权重	指标层	主观权重	客观权重	综合权重
时间变异	跳跃变异	0.527	0.385	0.456	变异强度	0.299	0.235	0.296
					变异显著性	0.589	0.459	0.443
					变异数目	0.112	0.306	0.261
	趋势变异	0.280	0.327	0.303	变异强度	0.333	0.529	0.431
					变异显著性	0.667	0.471	0.569
	周期变异	0.193	0.288	0.241	变异前熵值	0.479	0.434	0.457
					变异后熵值	0.521	0.566	0.543

由表 3.4-1 可知：

（1）在一级指标中，跳跃变异的综合权重最大，为 0.456，趋势变异次之，为 0.303，周期变异所占权重最小，为 0.241，说明在大清河流域山区气温时间变异中以跳跃变异为主要变异，趋势变异和周期变异也有发生但是对整体时间变异的影响较小。

（2）在影响跳跃变异的指标中，跳跃变异显著性的综合权重最大，为 0.443，跳跃变异强度比重次之，为 0.296，跳跃变异数目的综合权重最小，为 0.261，说明在跳跃变异中变异显著性起主要作用，变异强度比重略大于变异数目。

（3）在趋势变异中，趋势变异显著性的综合权重为 0.569，变异强度的综合权重为 0.431，说明在趋势变异中变异显著性对趋势变异的影响最大，占趋势变异的大部分，而趋势变异强度对趋势变异的影响较小。

（4）在周期变异中，周期变异前后的熵值的综合权重分别为 0.457 和 0.543，变异后序列所蕴含的信息量对周期变异的影响较大于变异前。

利用熵权法得到时间变异指标层的各权重，并将其与 TOPSIS 评价相结合对大清河流域山区气温时间变异进行综合评价，评价得分如图 3.4-1 所示。

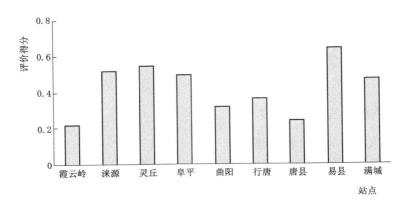

图 3.4-1　大清河流域山区气温时间变异综合评价得分

由图 3.4-1 可知，大清河流域山区的 9 个站点的综合评价得分相差较大，霞云岭站、曲阳站、行唐站和唐县站得分在 0.2~0.4（弱变异）之间，涞源站、灵丘站、阜平站和满城站得分在 0.4~0.6（一般变异）之间；得分最高的站点为易县站，得分为 0.64，为较强的时间变异；得分最低的站点为霞云岭站，得分为 0.21。说明大清河流域山区气温时间变异的强度差别较大，霞云岭站的变异强度最小，易县站的变异强度最大。

大清河流域山区气温时间变异综合评价得分空间插值如图 3.4-2 所示。

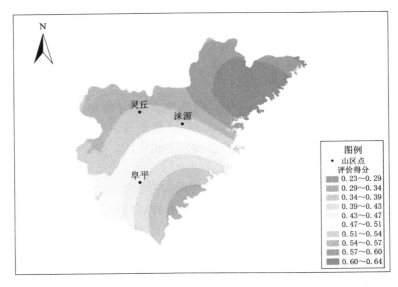

图 3.4-2　大清河流域山区气温时间变异综合评价得分空间插值

由图3.4-2可知，大清河流域山区气温时间变异综合评价得分在东北部最高，并且由西北向东南方向逐渐减小，说明山区气温在东北部的时间变异强度最大，且时间变异强度由东北向西南逐渐减弱。

3.4.1.2 气温空间变异测度分析

大清河流域山区气温空间变异指标权重计算结果见表3.4-2。

表3.4-2　　　　大清河流域山区气温空间变异指标权重计算结果

目标层	准则层	权重	指标层	权重
空间变异	变异成分	0.13	结构性	0.51
			随机性	0.49
	空间相关性	0.25	自相关程度	0.32
			自相关范围	0.68
	各向异性	0.55	0°	0.16
			45°	0.29
			90°	0.39
			135°	0.16
	变异强度	0.07		

由表3.4-2知：

（1）在一级指标中，各向异性所占的权重最大，为0.55，空间相关性次之，为0.25，变异强度所占的权重最小，为0.07。说明在空间变异中，由各向异性引起的变异占主要部分，其次是空间相关性带来的变异，而空间变异强度在空间变异中所占比例最小，几乎可以忽略。

（2）在空间相关性中，自相关程度所占的比重为0.32，自相关范围所占的比重为0.68，说明空间自相关受自相关范围的影响远大于自相关程度的影响。在变异成分中，结构性的权重为0.51，随机性的权重为0.49，说明在变异成分中，结构性和随机性的影响基本相当。

（3）在各向异性中，各向异性主要体现在90°方向上，且在0°和145°方向上各向异性相同且权重最小。

利用熵权法得到空间变异指标层的各权重，并将其与TOPSIS评价相结合对大清河流域山区气温进行综合评价，评价得分如图3.4-3所示。

由图3.4-3可知，2010年大清河流域山区气温空间变异综合评价得分最高为0.76，表现为较强的空间变异，2013年得分最低为0.37。说明在大清河流域山区气温空间变异中，2010年的变异强度最大，为较强的空间变异；2013年的变异强度最小，为弱的空间变异。1984—2010年空间变异的得分变化较为均匀，说明在此时间段内，空间变异的年变化程度不大。

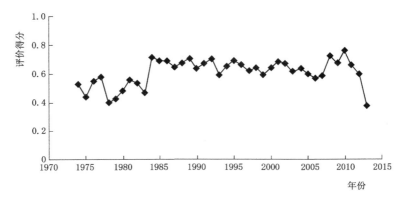

图 3.4-3   大清河流域山区气温空间变异综合评价得分

3.4.2   蒸发量时空变异测度

3.4.2.1   蒸发量时间变异测度分析

大清河流域山区蒸发量时间变异指标权重计算结果见表 3.4-3。

表 3.4-3   大清河流域山区蒸发量时间变异指标权重计算结果

目标层	准则层	主观权重	客观权重	综合权重	指标层	主观权重	客观权重	综合权重
时间变异	跳跃变异	0.527	0.441	0.484	变异强度	0.299	0.511	0.400
					变异显著性	0.589	0.230	0.410
					变异数目	0.112	0.259	0.190
	趋势变异	0.280	0.338	0.309	变异强度	0.333	0.574	0.453
					变异显著性	0.667	0.426	0.547
	周期变异	0.193	0.221	0.207	变异前熵值	0.479	0.349	0.414
					变异后熵值	0.521	0.651	0.586

由表 3.4-3 可知：

（1）在一级指标中跳跃变异的综合权重最大为 0.484，趋势变异次之为 0.309，周期变异所占权重最小为 0.207，说明在大清河流域山区蒸发量时间变异中以跳跃变异为主要变异，其次是趋势变异，周期变异对蒸发量时间变异的影响最小。

（2）在影响跳跃变异的指标中，跳跃变异显著性的综合权重最大为 0.410，跳跃变异强度的综合权重次之为 0.400，跳跃变异数目的综合权重最小为 0.190，说明在跳跃变异中跳跃变异显著性起主要作用，其次是变异强度，变异数目对跳跃变异的影响最小。

（3）在趋势变异中，趋势变异显著性的综合权重为 0.547，变异强度的综合权重为 0.453，说明在趋势变异中变异显著性对趋势变异的影响大于趋势变异强度对趋势变异的影响。

（4）在周期变异中，周期变异前后的熵值的综合权重分别为 0.414 和 0.586，变异后序列所蕴含的信息量对周期变异的影响较大于变异前。

运用熵权法得到时间变异指标层的各权重，并将其与 TOPSIS 评价相结合对大清河流域山区蒸发量进行综合评价，评价得分如图 3.4-4 所示。

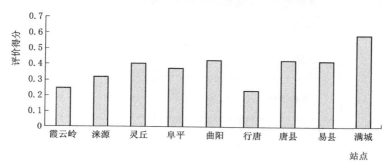

图 3.4-4　大清河流域山区蒸发量时间变异综合评价得分

由图 3.4-4 可知，大清河流域山区的 9 个站点中综合评价得分最高的站点为满城站，得分为 0.59，得分最低的站点为行唐站，得分为 0.24，说明行唐站的变异强度最小，满城站的变异强度最大。虽然得分的最大值和最小值相差较大，但是整体得分较均匀，除了最大值和最小值外，得分基本在 0.4 左右，且相差不大。

大清河流域山区蒸发量时间变异综合评价得分空间插值如图 3.4-5 所示。

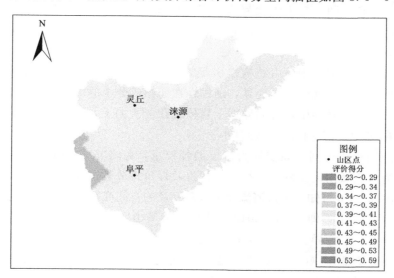

图 3.4-5　大清河流域山区蒸发量时间变异综合评价得分空间插值

由图 3.4-5 可知，大清河流域山区蒸发量时间变异综合评价得分除了北部和西部的部分区域有特殊变化之外，在整个区域上无太大变化，说明蒸发量时间变异强度在整个区域上无太大变化。

3.4.2.2　蒸发量空间变异测度分析

大清河流域山区蒸发量空间变异指标权重计算结果见表 3.4-4。

表 3.4-4　　大清河流域山区蒸发量空间变异指标权重计算结果

目标层	准则层	权重	指标层	权重
空间变异	变异成分	0.65	结构性	0.93
			随机性	0.07
	空间相关性	0.04	自相关程度	0.23
			自相关范围	0.77
	各向异性	0.24	0°	0.34
			45°	0.24
			90°	0.17
			135°	0.25
	变异强度	0.07		

由表 3.4-4 可知：

（1）在一级指标中，变异成分所占的权重最大为 0.65，其次是各向异性的权重为 0.24，空间相关性和变异强度所占的权重相近，分别为 0.04 和 0.07，说明在空间变异中由变异成分引起的变异占了空间变异的大部分，其次是各向异性引起的变异，空间相关性和变异强度引起的变异在空间变异中可以忽略。

（2）在变异成分中，由结构性引起的变异的权重为 0.93，说明在变异成分中主要是由结构性引起的变异，随机性在变异成分中的影响可以忽略。

（3）在各向异性中，各向异性主要体现在 0°方向上，其次是 45°和 135°方向上，在 90°方向上的各向异性最小。

利用熵权法得到空间变异指标层的各权重，并将其与 TOPSIS 评价相结合对大清河流域山区蒸发量进行综合评价，评价得分如图 3.4-6 所示。

由图 3.4-6 可知，大清河流域山区蒸发量的空间变异综合评价得分集中在 0.2~0.4 区间上，即 1974—2013 年大清河流域山区蒸发量的空间变异大多数体现为弱空间变异。比较突出的是 1977 年、2007 年（0.60）、2008 年（0.74）和 2009 年（0.57），特别是 1977 年空间变异的综合评价值为 0.93，为强空间变异。

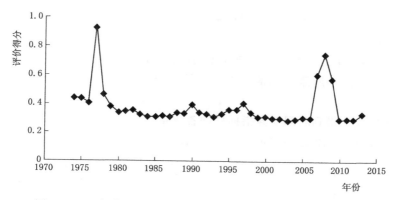

图 3.4 - 6　大清河流域山区蒸发量空间变异指标综合评价得分

3.4.3　径流时空变异测度

3.4.3.1　径流量时间变异测度分析

大清河流域山区径流量时间变异指标权重计算结果见表 3.4 - 5。

表 3.4 - 5　　大清河流域山区径流量时间变异指标权重计算结果

目标层	准则层	主观权重	客观权重	综合权重	指标层	主观权重	客观权重	综合权重
时间变异	跳跃变异	0.527	0.568	0.548	变异强度	0.299	0.49	0.39
					变异显著性	0.589	0.17	0.38
					变异数目	0.112	0.34	0.23
	趋势变异	0.280	0.256	0.268	变异强度	0.333	0.62	0.48
					变异显著性	0.667	0.38	0.52
	周期变异	0.193	0.175	0.184	变异前熵值	0.479	0.51	0.49
					变异后熵值	0.521	0.49	0.51

由表 3.4 - 5 可知：

（1）在一级指标中，跳跃变异的综合权重最大，为 0.548，趋势变异的综合权重次之，为 0.268，周期变异的综合权重最小，为 0.184，说明在大清河流域山区径流量时间变异中以跳跃变异为主要变异，趋势变异次之，周期变异对整体时间变异的影响最小。

（2）在影响跳跃变异的指标中，跳跃变异强度的综合权重最大，为 0.39，变异显著性的综合权重次之，为 0.38，变异数目的综合权重最小，为 0.23。说明在径流量跳跃变异中，变异强度和变异显著性所起的作用基本相同，变异数目起的作用最小。

（3）在趋势变异中，趋势变异显著性的综合权重为 0.52，变异强度的综合权重为 0.48，说明在趋势变异中变异显著性对趋势变异的影响略大于趋势变异的强度。

（4）在周期变异中，周期变异前后的熵值的综合权重分别为 0.49 和 0.51，变异后序列所蕴含的信息量对周期变异的影响略大于变异前，但是相差不大。

利用熵权法得到时间变异指标层的各权重，并将其与 TOPSIS 评价相结合对大清河流域山区径流量时间变异进行综合评价，评价得分如图 3.4-7 所示。

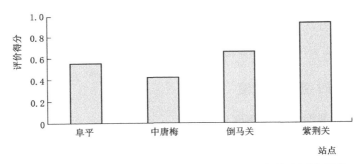

图 3.4-7　大清河流域山区径流量时间变异指标综合评价得分

由图 3.4-7 可知，在山区所选的水文站点中，紫荆关站径流量时间变异综合评价得分最高，为 0.93，其次是倒马关站和阜平站，得分分别为 0.67 和 0.56，中唐梅站得分最低，为 0.43，即在这四个水文站点中，紫荆关站的径流量为强时间变异，阜平站和中唐梅站的径流量为一般程度的变异，倒马关站的径流量为较强程度的变异。

3.4.3.2　径流量空间变异测度分析

大清河流域山区径流量空间变异指标权重计算结果见表 3.4-6。

表 3.4-6　　大清河流域山区径流量空间变异指标权重计算结果

目标层	准则层	权重	指标层	权重
空间变异	变异成分	0.33	结构性	0.51
			随机性	0.49
	空间相关性	0.38	自相关程度	0.40
			自相关范围	0.60
	各向异性	0.18	0°	0.19
			45°	0.66
			90°	0.11
			135°	0.03
	变异强度	0.11		

由表 3.4-6 可知：

（1）在一级指标中，空间相关性所占的权重最大，为 0.38，变异成分次之，为 0.33，空间变异强度所占权重最小，为 0.11。说明在空间变异中以空间相关性和变异成分引起的变异为主，空间变异强度在空间变异中所占的比例最小。

（2）在变异成分中，结构性的权重为 0.51，随机性的权重为 0.49，说明在变异成分中，主要是由于结构性引起的变异。在空间相关性中，自相关程度所占的比重为 0.40，自相关范围所占的比重为 0.60，说明空间自相关受自相关范围的影响远大于自相关程度的影响。

（3）在各向异性中，各向异性主要体现在 45°方向上，所占比重为 0.66；在 0°和 90°方向上各向异性所占权重分别为 0.19 和 0.11，在 135°方向上比重最小为 0.03。

利用熵权法得到空间变异指标层的各权重，并将其与 TOPSIS 评价相结合对大清河流域山区径流量空间变异进行综合评价，评价得分如图 3.4-8 所示。

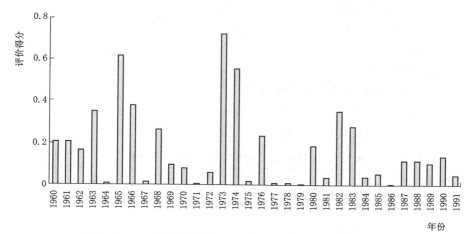

图 3.4-8　大清河流域山区径流量空间变异综合评价得分

由图 3.4-8 可知，1973 年径流量空间变异综合评价得分最高，为 0.72，1965 年次之，为 0.62，说明 1973 年径流量空间变异的程度最大，其次是1965 年。并且在 1960—1991 年，径流量空间变异综合评价得分整体均偏低，说明在该时期内，虽然有个别年份空间变异的程度较大，但是从整个时间段上来看，空间变异的程度较小。

3.4.4　水文气象要素时空变异测度研究

3.4.4.1　水文气象要素时空变异权重

根据 3.2 节和 3.3 节对水文气象要素时间变异和空间变异的分析评价结

果，最终分别确定各水文气象要素在时间变异和空间变异上所占的权重，统计结果见表3.4-7。

表3.4-7　　　　　　　水文气象要素时间变异和空间变异权重

变异类型	时　间　变　异			空　间　变　异		
要素	气温	蒸发量	径流量	气温	蒸发量	径流量
权重	0.42	0.51	0.79	0.58	0.49	0.21

根据表3.4-7可知：

（1）对于气温而言，气温在空间变异上的权重大于时间变异，但相差不大，说明大清河流域山区气温空间变异的程度略大于时间变异。

（2）在蒸发量的时空变异中，大清河流域山区蒸发量在时间变异和空间变异中的权重分别为0.51和0.49；其中，在时间变异上所占的权重略大于空间变异，说明在时空变异中，蒸发量的时间变异的重要程度略大于空间变异。

（3）对于大清河流域山区径流量的时空变异，时间变异所占的比例为0.79，空间变异所占的比例为0.21，说明大清河流域山区径流量的时空变异主要受到时间变异的影响，即大清河流域山区的径流量在时间上的变化大于其在空间上的变化。

3.4.4.2　水文气象要素时空变异强度

在计算出各水文气象要素时间变异和空间变异权重的基础上，对其时间变异和空间变异进行评价，评价得分见表3.4-8。

表3.4-8　　　　　水文气象要素时间变异和空间变异综合评价得分

变异类型	时　间　变　异			空　间　变　异		
要素	气温	蒸发量	径流量	气温	蒸发量	径流量
评价得分	0.43	0.38	0.61	0.60	0.37	0.29
级别	一般	弱	较强	较强	弱	弱

分析表3.4-8可知：

（1）大清河流域山区气温在时间变异中的综合评价得分为0.43，说明在时间变异中，气温表现为一般变异；在空间变异中，气温的综合评价得分为0.60，说明在空间变异中大清河流域山区气温表现为较强变异。

（2）大清河流域山区蒸发量在时间变异中的综合评价得分为0.38，说明在时间变异中蒸发量表现为弱变异；在空间变异中，蒸发量的综合评价得分为0.37，说明在空间变异中，大清河流域山区蒸发量表现为弱变异。

（3）大清河流域山区径流量在时间变异上的综合评价得分为0.61，在空间变异上的综合评价得分为0.29，说明径流量在时间变异上为较强变异，而在空间变异中为弱变异。

3.4.4.3 水文气象要素时空变异综合评价

在计算出时间变异和空间变异强度的基础上对水文气象要素整体时空变异程度进行综合评价，评价得分见表 3.4-9。

表 3.4-9 水文气象要素时空变异综合评价得分

要素	时 空 变 异		
	气温	蒸发量	径流量
评价得分	0.52	0.34	0.45
级别	一般	弱	一般

分析表 3.4-9 可知：

（1）对于气温的时空变异而言，大清河流域山区气温时空变异的综合评价得分为 0.52，为一般变异。

（2）对于蒸发量的时空变异而言，大清河流域山区蒸发量时空变异的综合评价得分为 0.34，为弱变异。

（3）大清河流域山区径流量时空变异综合评价得分为 0.45，说明径流量的时空变异为一般变异。大清河流域山区径流量在时间上一直呈现锐减的趋势，变异强度较大，而在空间上，因为受到站点的影响使得径流量在空间上的变异强度较弱，并且径流量时间变异对径流量时空变异的影响大于空间变异，因此大清河流域山区径流量的时空变异表现为一般变异。

第4章

大清河流域平原区水文气象
要素时空变异性分析

　　大清河流域平原区水文气象要素时空变异性分析与山区水文气象要素时空变异性分析的研究步骤相同，山区的水文气象要素包括降雨、气温、蒸发和径流，而平原区水文气象要素包括降雨、气温、蒸发和地下水埋深。

4.1　水文气象要素时间变异

4.1.1　降雨量时间变异

4.1.1.1　降雨量跳跃变异分析

　　分别利用滑动游程检验、滑动秩和检验、滑动 t 检验、有序聚类分析和 Mann - Kendall 检验对降雨量跳跃变异点和显著性进行检验，检验结果见表 4.1-1。由表 4.1-1 可知，大清河流域平原区降雨量不存在跳跃变异。

表 4.1-1　大清河流域平原区降雨量跳跃变异点和显著性检验结果

方　　法	变异点	显著性
滑动游程检验	无	无
滑动秩和检验	无	无
滑动 t 检验	无	无
有序聚类分析	无	—
Mann - Kendall 检验	无	无

4.1.1.2　降雨量趋势变异分析

　　利用累积距平曲线和 Mann - Kendall 检验对大清河流域平原区降雨量进

行趋势检验，结果如图 4.1-1 所示。

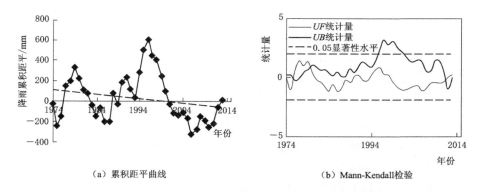

（a）累积距平曲线　　　　　　（b）Mann-Kendall检验

图 4.1-1　大清河流域平原区降雨量趋势变异分析图

由图 4.1-1（a）可知，降雨量呈现减少的趋势但趋势不明显；由图 4.1-1（b）可知，降雨量的 Mann-Kendall 检验呈波动变化，但无明显的趋势变化。综合分析可知，大清河流域平原区降雨量不存在趋势上的变异。

4.1.1.3　降雨周期变异分析

周期变异是以跳跃变异为基础进行计算的，由于平原区降雨量不存在跳跃变异，故周期变异也不存在。

4.1.2　气温时间变异

4.1.2.1　气温跳跃变异分析

1. 跳跃变异点

大清河流域平原区气温跳跃变异显著性检验和变异强度计算结果见表 4.1-2。

表 4.1-2　　大清河流域平原区气温跳跃变异显著性检验和变异强度计算结果

可能变异点	滑动游程检验 Z 值	显著性强度	相关系数 r	变异强度
1987 年	−2.54	中强	0.608	中强
1988 年	−1.96	中	0.617	中强
1993 年	−2.62	中强	0.650	中强

由表 4.1-2 可知，跳跃变异可能的变异点分别为 1987 年、1988 年和 1993 年，且这些可能的变异点均呈现中强变异强度和中强显著性。说明在大清河流域平原区，气温的变异主要集中在 20 世纪 80 年代末和 90 年代初，且变异强度较大。

分别利用滑动游程检验、滑动秩和检验、滑动 t 检验、有序聚类分析和 Mann-Kendall 检验对跳跃变异点和显著性进行检验，检验结果见表 4.1-3。

表 4.1-3　　　　　　大清河流域平原区跳跃变异点和显著性检验

方　法	变异点	显著性
滑动游程检验	1993 年	显著
滑动秩和检验	1993 年	显著
滑动 t 检验	1997 年	显著
有序聚类分析	1993 年	—
Mann-Kendall 检验	1989 年	不显著

由表 4.1-3 可知，滑动游程检验、滑动秩和检验和有序聚类分析检测出来的变异点均为 1993 年，滑动 t 检验和 Mann-Kendall 检验检测出来的变异点分别为 1997 年和 1989 年，且 1989 年为不显著的变异点，故选取 1993 年为大清河流域平原区气温的跳跃变异点。

2. 跳跃变异强度

根据跳跃变异点的分析可知，大清河流域平原区气温在 1993 年发生跳跃变异。由表 4.1-2 可知，1993 年的相关系数为 0.650，其跳跃变异的强度为中强程度。

3. 跳跃变异显著性

由表 4.1-2 可知，1993 年滑动游程检验 $|Z|$ 为 2.62，1993 年跳跃变异的显著性为中强显著性。以 1993 年为分界，大清河流域平原区气温变异前后均值变化如图 4.1-2 所示。

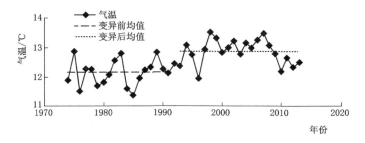

图 4.1-2　大清河流域平原区气温变异前后均值变化图

由图 4.1-2 可知，变异前气温均值为 12.15℃，变异后气温均值为 12.85℃，变异后气温发生了向上的跳跃，且跳跃幅度为 0.7℃，说明在发生跳跃变异后，大清河流域平原区的气温整体呈上升的趋势。综合以上计算可知，大清河流域平原区气温在 1993 年发生向上的跳跃变异，且该跳跃变异为中强显著性和中强变异强度。

在分析年均气温变化的基础上，对大清河流域平原区 23 个气象站点的跳跃变异进行上述分析。大清河流域平原区气温跳跃变异变化如图 4.1-3 所示。

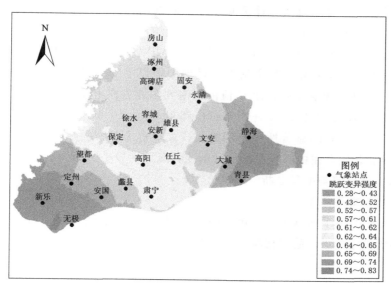

（a）跳跃变异强度

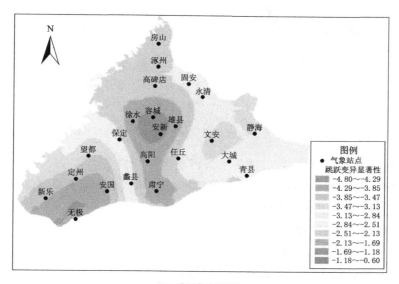

（b）跳跃变异显著性

图 4.1-3 大清河流域平原区气温跳跃变异变化图

（1）由图 4.1-3（a）可知，气温跳跃变异强度除了安新站外，其余站点均为中等程度以上的变异，说明大清河流域平原区整体气温跳跃变异强度较大。变异强度由西南向东北逐渐减小，由东部向西部逐渐减小，西北部和中部地区的变异强度最小。

（2）由图 4.1-3（b）可知，徐水站、高阳站、安新站、肃宁站和雄县站均为不显著的跳跃变异，其余站点均呈现中等以上的变异显著性。大清河流域平原区气温跳跃变异显著性 V 值由西南到东北方向上呈先减少后增大的趋势，说明气温跳跃变异的显著性由西南到东北呈大—小—大的变化趋势，除此之外，跳跃变异的显著性在东部的文安站、静海站、大城站等也较大，均为强变异显著性，在中部和北部地区的变异显著性较小。

4.1.2.2　气温趋势变异分析

1. 趋势变异显著性

利用累积距平曲线和 Mann-Kendall 检验对大清河流域平原区 1974—2013 年气温序列进行趋势检验，检验结果如图 4.1-4 所示。

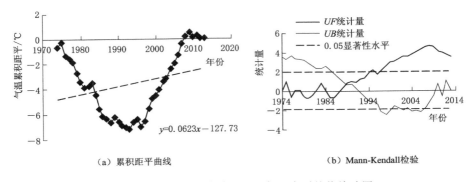

（a）累积距平曲线　　　　　　　　（b）Mann-Kendall 检验

图 4.1-4　大清河流域平原区气温序列趋势检验图

（1）由图 4.1-4（a）可知，大清河流域平原区气温在 1974—1992 年呈下降趋势，在 1992—2009 年呈上升趋势，2009 年之后气温又呈下降趋势。虽然气温在研究时段内有阶段性的变化，但是整体上呈上升趋势，即在 1974—2013 年大清河流域平原区的气温呈上升趋势。

（2）由图 4.1-4（b）可知，1974—1987 年 UF 统计量上下波动；1987 年后，UF 统计量大于 0 且整体呈增加趋势，故在 1987 年以后，气温呈上升趋势；又因为 UF 和 UB 统计量相交于 1989 年，因此 1989 年为趋势发生变化的点，即从 1989 年开始气温变化呈上升趋势；在 1996 年以后，UF 统计量超过了 0.05 显著性水平，因此在 1996 年气温呈显著上升趋势。通过计算得到

显著性统计量 $V=2.726>0$，故 1974—2013 年大清河流域平原区气温整体呈强显著上升趋势。

2. 趋势变异强度

利用相关系数法计算时间和气温序列的相关系数，并利用显著性水平区分趋势变异的强度。通过计算可得，时间和气温序列的相关系数 $r=0.569$，为中等强度的变异。综合可知，1974—2013 年大清河流域平原区气温序列呈强显著上升趋势，且该趋势变异强度为中等程度的变异。

在计算分析气温趋势变异的基础上，对大清河流域平原区 23 个气象站点气温的趋势变异进行类似分析。大清河流域平原区气温趋势变异指标变化如图 4.1-5 所示。

（1）由图 4.1-5（a）可知，在大清河流域平原区的西北部，气温趋势变异强度较小，在西南部和东部地区气温趋势变异的强度较大，说明大清河流域平原区气温虽然整体上呈上升趋势，但是西北部气温上升的趋势要小于其他地区，西南和东部地区气温上升的趋势强度要大于其他地区。

（2）由图 4.1-5（b）可知，大清河流域平原区气温趋势变异均呈中等程度以上的趋势变异显著性，其中在北部、东部和西南部趋势变异显著性相对较小，在南部和中部地区较大。

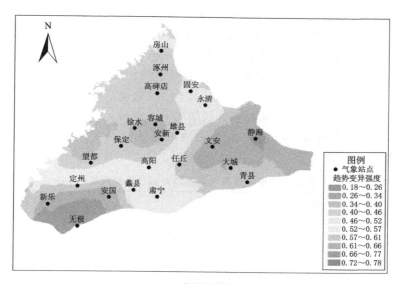

（a）趋势变异强度

图 4.1-5（一）　大清河流域平原区气温趋势变异指标变化图

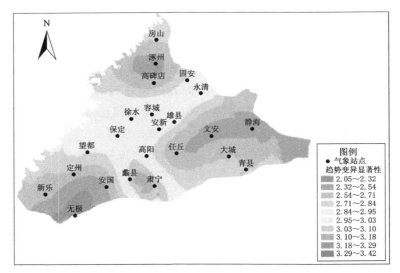

（b）趋势变异显著性

图 4.1-5（二）　大清河流域平原区气温趋势变异指标变化图

4.1.2.3　气温周期变异分析

以 1993 年为大清河流域平原区气温变异的分界点，对 1974—2013 年气温序列进行 CEEMDAN 分解，分解结果如图 4.1-6 所示。

由图 4.1-6 可知，变异前气温具有 4a、8a 和 11a 的波动周期，且在变异前呈增加趋势；变异后气温分别具有 4a、10a 和 19a 的波动周期。通过对比可知，气温发生变异后，短周期无变化，中周期和长周期均有所增加，变异后中周期增加了 2a，而长周期变化较大，增加了 8a。说明气温发生跳跃变异后对其短周期和中周期无明显的影响，而增加了长周期。

利用多时间尺度熵的方法，计算大清河流域气温变异前后各分量熵值，结果见表 4.1-4。

表 4.1-4　　　　大清河流域平原区气温变异前后各分量熵值

序　　列	IMF1 分量	IMF2 分量	IMF3 分量	RES 趋势项
变异前气温序列	0.955	0.942	0.931	0.838
变异后气温序列	0.968	0.893	0.899	0.934

（1）气温变异前多时间尺度熵值。由表 4.1-4 可知，变异前气温在多时间尺度下熵值从 IMF1 分量到 RES 趋势项逐渐减少，表明高频分量中携带的信息量最多，中频和低频分量携带的信息量较少，而趋势项中携带的信息量最少。而且变异前各分量的信息量不断减小，表明系统由不稳定向稳定过渡，

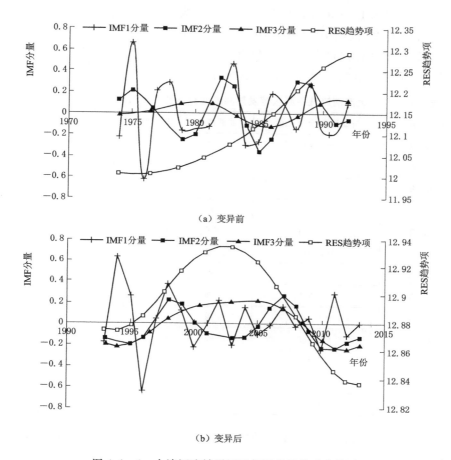

（a）变异前

（b）变异后

图 4.1-6　大清河流域平原区气温变异前后分量图

系统表现得越来越具有规律性，说明受外界因素的影响，各时间尺度下气温的复杂性降低。

（2）气温变异后多时间尺度熵值。由表 4.1-4 可知，变异后气温序列 IMF1 分量的熵值最大，为 0.968，IMF2 分量的熵值最小，为 0.893，表明高频分量携带的信息量最多，而中频分量携带的信息量最少，因此对变异后气温的研究应集中在 4a 的短周期上。

4.1.3　蒸发量时间变异

4.1.3.1　蒸发量跳跃变异分析

1. 跳跃变异点

大清河流域平原区蒸发量跳跃变异显著性检验和变异强度计算结果见表

4.1-5。由表 4.1-5 可知，1976—1988 年均为可能发生跳跃变异的点，这些点主要集中在 20 世纪 70 年代末和 80 年代，且 1976—1979 年及 1981—1985 年的跳跃变异具有强显著性，1980 年、1986 年和 1987 年具有中强显著性；1982—1986 年具有强变异强度，其余均为中等变异强度。

表 4.1-5　大清河流域平原区蒸发量跳跃变异显著性检验和变异强度计算结果

可能变异点	滑动游程检验 Z 值	显著性强度	相关系数 r	变异强度
1976 年	-3.168	强	0.526	中
1977 年	-3.925	强	0.522	中
1978 年	-4.360	强	0.554	中
1979 年	-3.352	强	0.493	中
1980 年	-2.574	中强	0.506	中
1981 年	-2.947	强	0.591	中
1982 年	-3.229	强	0.636	中强
1983 年	-4.309	强	0.679	中强
1984 年	-3.619	强	0.673	中强
1985 年	-2.989	强	0.601	中强
1986 年	-2.400	中强	0.616	中强
1987 年	-2.541	中强	0.597	中
1988 年	-1.968	中	0.569	中

利用变异检测方法对蒸发量的跳跃变异点和显著性做进一步的检验，结果见表 4.1-6。

表 4.1-6　大清河流域平原区蒸发量跳跃变异点和显著性检验结果

方　　法	变异点	显著性
滑动游程检验	1983 年	显著
滑动秩和检验	1983 年	显著
滑动 t 检验	1992 年	不显著
有序聚类分析	1983 年	—
Mann-Kendall 检验	1986 年/2002 年	显著

由表 4.1-6 可知，滑动游程检验、滑动秩和检验及有序聚类分析检测出来的变异点均为 1983 年，滑动 t 检验检测出来的变异点为 1992 年，且为不显著突变点，Mann-Kendall 检验检测出的跳跃变异点为 1986 年和 2002 年，且均为显著突变点。因此，本书取 1983 年为大清河流域平原区蒸发量的跳跃变

异点，且该点通过 0.05 显著性水平检验。

2．跳跃变异强度

由上述对跳跃变异点的分析可知，大清河流域平原区蒸发量在 1983 年发生跳跃变异。由表 4.1-5 可知，1983 年的相关系数为 0.68，故 1983 年的跳跃变异为中强程度的变异。

3．跳跃变异显著性

由表 4.1-6 可知，1983 年滑动游程检验的 |Z| 为 4.31，由显著性程度划分表可知，该跳跃变异的显著性为强显著性。

以 1983 年为变异点，大清河流域平原区蒸发量变异前后均值变化如图 4.1-7所示。

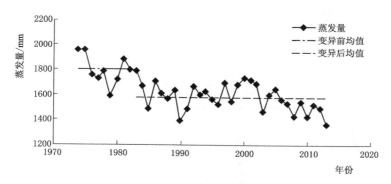

图 4.1-7　大清河流域平原区蒸发量变异前后均值变化图

分析图 4.1-7 可知，变异前蒸发量的均值为 1799.99mm，变异后蒸发量的均值为 1582.29mm，蒸发量发生了向下的跳跃，且跳跃幅度为 217.70mm，即在变异点之后，蒸发量开始下降，且下降幅度较大。

对大清河流域平原区 23 个气象站点进行跳跃变异强度及显著性识别，跳跃变异指标变化如图 4.1-8 所示。

（1）由图 4.1-8（a）可知，蒸发量跳跃变异强度在大清河流域平原区呈现区域变化的特点，在北部、西南部和中部的任丘、高阳等地区跳跃变异的程度较小，在东部、中部偏西北地区以及南部地区的安国、蠡县等地区跳跃变异的强度较大。其中无极跳跃变异强度最小，大城和青县跳跃变异强度最大。

（2）由图 4.1-8（b）可知，大清河流域平原区蒸发量跳跃变异显著性在西部、南部以及北部的绝对值较大，因此对应的变异显著性较大，在中部偏北以及西南部变异显著性的绝对值较小，因此对应的变异显著性较小。

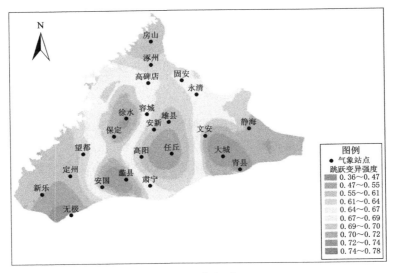

（a）跳跃变异强度

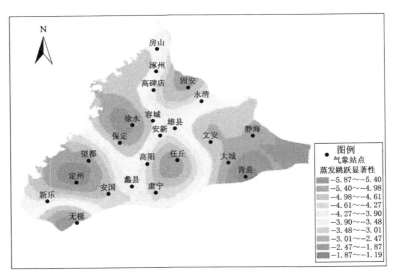

（b）跳跃变异显著性

图 4.1-8　大清河流域平原区蒸发量跳跃变异指标变化图

4.1.3.2　蒸发量趋势变异分析

1. 趋势变异显著性

对大清河流域平原区 1974—2013 年的蒸发量序列进行趋势检验，结果如图 4.1-9 所示。

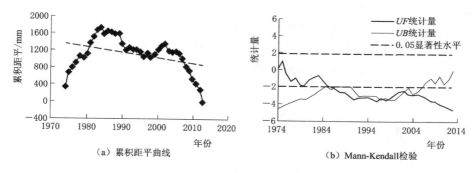

（a）累积距平曲线　　　　　　　　（b）Mann-Kendall检验

图 4.1-9　大清河流域蒸发量序列趋势检验图

（1）由图 4.1-9（a）可知，1974—1983 年大清河流域平原区蒸发量增加；虽然蒸发量在 1999—2002 年有短暂的增加趋势，但是 1983—2013 年整体上呈减少趋势。通过累积距平曲线的拟合线可知，蒸发量在整体上呈减少趋势。

（2）由图 4.1-9（b）可知，1974—1976 年蒸发量的 UF 统计量的值大于0，故在该时间段蒸发量呈短暂的上升趋势；1976—2013 年蒸发量的 UF 统计量的值小于0，该时段蒸发量呈下降趋势，并且 1985 年以后 UF 统计量超过0.05 显著性水平，因此在 1985 年以后大清河流域平原区蒸发量呈显著下降趋势。即在 1976 年以后大清河流域平原区蒸发量减少，并且在 1985 年之后减少的趋势更加明显。通过计算可得到蒸发量的显著性统计量 $V = -4.53 < 0$，故大清河流域平原区蒸发量呈强显著减少趋势。

2. 趋势变异强度

利用相关系数法计算可得时间和蒸发量序列的相关系数 $r = -0.67$，由此可以看出蒸发量趋势变异强度为中强程度变异，又因为 $r < 0$，因此蒸发量呈强烈减少的变化趋势。

综合可知，1974—2013 年大清河流域平原区蒸发量呈强显著减少的趋势，且该变异强度为中强程度变异。

对大清河流域平原区 23 个气象站点蒸发量的趋势变异进行分析，蒸发量趋势变异指标变化如图 4.1-10 所示。

（1）由图 4.1-10（a）可知，蒸发量趋势变异强度在西南地区表现为弱变异程度，保定站趋势变异的强度最大，无极站趋势变异强度最小。蒸发量趋势变异强度弱的地区主要集中在平原区东部的蓄滞洪区，而中度和强度变异的区域占据了大清河流域平原区的大部分，说明虽然个别区域存在较弱的趋势变异，但是大清河流域平原区的趋势变异在整体上具有较强的变异强度。

除了无极站之外所有站点的变异强度均为负值，说明这些站点的蒸发量均呈减少的变化趋势，这和整个平原区蒸发量的变化趋势是相同的。

（2）由图 4.1-10（b）可知，蒸发量趋势变异在整个平原区均表现为强的趋势变异显著性，其中西南地区趋势变异显著性相对较小。

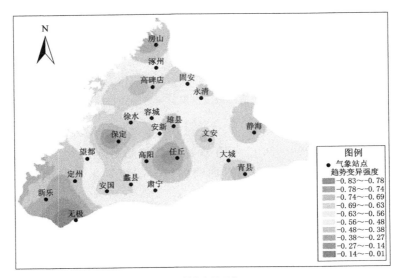

（a）趋势变异强度

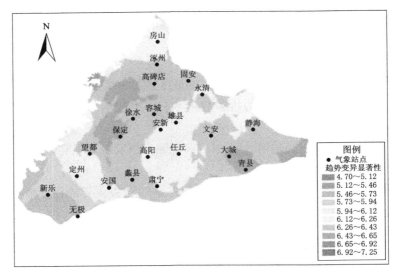

（b）趋势变异显著性

图 4.1-10　大清河流域平原区蒸发量趋势变异指标变化图

4.1.3.3 蒸发量周期变异分析

以 1983 年为蒸发量跳跃变异的点，对 1974—2013 年大清河流域平原区蒸发量序列进行 CEEMDAN 分解，探索变异前后蒸发量序列周期的变化。大清河流域平原区蒸发量变异前后分量如图 4.1-11 所示。

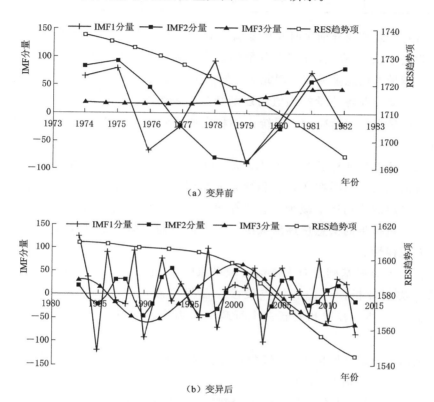

图 4.1-11 大清河流域平原区蒸发量变异前后分量图

由图 4.1-11 可知，大清河流域平原区蒸发量在发生变异前，分别具有 4a 和 8a 的短周期和中周期，因变异前时间长度较短，长周期不能完整显示；蒸发量发生变异后具有 4a、7a 和 23a 的变化周期。变异前后，蒸发量的短周期和中周期无明显变化，说明蒸发量的减少对短周期和中周期无明显的影响。在变异前后，蒸发量均呈减少趋势，从趋势项分量的斜率来看，变异前的斜率（-5.20）大于变异后的斜率（-2.24），故在发生变异后蒸发量下降的趋势减小。

利用多时间尺度熵的方法，计算大清河流域蒸发量变异前后各分量熵值，结果见表 4.1-7。

表 4.1-7　　　　　大清河流域平原区蒸发量变异前后各分量熵值

序　列	IMF1 分量	IMF2 分量	IMF3 分量	RES 趋势项
变异前	0.880	0.867	0.743	0.926
变异后	0.953	0.944	0.903	0.955

（1）蒸发量变异前多时间尺度熵。由表 4.1-7 可知，在蒸发量发生变异前，除去 RES 趋势项，IMF1 分量的熵值最大，表明在蒸发量发生变异前高频分量携带的信息量最多。因此对变异前蒸发量的研究可以集中在 4a 的短周期上，且变异前各分量的熵值均逐渐减少，表明随着波动周期的增加，各分量携带的信息量逐渐减少，系统由不稳定向稳定过渡且表现得越来越具有规律性。

（2）蒸发量变异后多时间尺度熵。由表 4.1-7 可知，变异之后 IMF1 分量的熵值最大，表明在变异后和变异前相同，都是高频分量携带的信息量最多。变异后熵值均逐渐减少，表明在蒸发量发生变异后，随着波动周期的增加，各分量携带的信息量逐渐减少，系统由不稳定向稳定过渡且表现的越来越具有规律性。

在以上分析基础上对大清河流域平原区 23 个气象站点蒸发量的周期变异进行类似分析，考虑到站点较多，而雄安新区又是新设立的国家级新区，故以雄县、容城和安新三个行政区域为代表，对站点的周期变异进行分析。

大清河流域平原区 23 个气象站点蒸发量变异前后各分量熵值变化见表 4.1-8。分析表 4.1-8 可知：

1）蒸发量变异前，除去 RES 趋势项，容城站和雄县站 IMF1 分量的熵值最大且随着波动周期的增加，熵值逐渐减少，表明在变异发生前高频分量携带的信息量最多，且随着波动周期的增加各分量携带的信息量逐渐减少，系统的稳定性增强且越来越具有规律性。而安新站熵值的最大值集中在 IMF2 分量上，表明在变异发生前，中高频分量携带的信息量最多。因此，在蒸发量发生变异前，对蒸发量的研究应集中在短周期和中周期上。

2）在蒸发量发生变异后，安新站和雄县站 IMF1 分量的熵值最大，且随着波动周期的增加熵值逐渐减少，表明在变异发生前高频分量所携带的信息量最多且随着波动周期的增加，各分量携带的信息量逐渐减少，系统的稳定性增强且越来越具有规律性。因此对蒸发量变异后的研究应集中在短周期上。

表 4.1-8　大清河流域平原区 23 个气象站点蒸发量变异前后各分量熵值变化

站点	变异前				变异后			
	IMF1 分量	IMF2 分量	IMF3 分量	RES 趋势项	IMF1 分量	IMF2 分量	IMF3 分量	RES 趋势项
新乐	0.441	0.630	0.629	0.591	0.957	0.972	0.942	0.937
定州	0.734	0.776	0.766	0.773	0.956	0.960	0.946	0.954
无极	0.940	0.943	0.932	0.890	0.957	0.939	0.844	0.965
涿州	0.776	0.783	0.783	0.774	0.971	0.962	0.932	0.940
容城	0.969	0.956	0.904	0.940	0.794	0.849	0.715	0.750
高碑店	0.911	0.894	0.790	0.923	0.925	0.924	0.943	0.932
固安	0.957	0.951	0.939	0.943	0.801	0.837	0.701	0.681
永清	0.895	0.903	0.770	0.935	0.976	0.965	0.911	0.929
房山	0.943	0.959	0.939	0.974	0.930	0.918	0.885	0.761
徐水	0.762	0.779	0.782	0.784	0.979	0.966	0.952	0.933
保定	0.883	0.857	0.756	0.930	0.951	0.967	0.952	0.923
高阳	0.944	0.950	0.959	0.933	0.856	0.900	0.807	0.796
安国	0.892	0.882	0.826	0.918	0.958	0.972	0.948	0.925
安新	0.844	0.858	0.728	0.909	0.961	0.955	0.953	0.943
望都	0.932	0.915	0.814	0.921	0.948	0.942	0.897	0.916
任丘	0.591	0.772	0.780	0.785	0.945	0.947	0.951	0.934
文安	0.874	0.898	0.755	0.929	0.940	0.963	0.937	0.930
大城	0.891	0.883	0.826	0.928	0.952	0.965	0.944	0.933
青县	0.936	0.960	0.904	0.844	0.912	0.881	0.852	0.781
静海	0.963	0.963	0.943	0.928	0.930	0.926	0.903	0.861
蠡县	0.911	0.899	0.873	0.927	0.967	0.950	0.949	0.844
肃宁	0.885	0.862	0.800	0.924	0.946	0.956	0.937	0.930
雄县	0.904	0.901	0.884	0.933	0.966	0.958	0.925	0.921

4.1.4　地下水埋深时间变异

4.1.4.1　地下水埋深跳跃变异分析

1. 跳跃变异点

　　大清河流域平原区地下水埋深跳跃变异显著性检验和变异强度计算结果见表 4.1-9。

表 4.1-9　　　　大清河流域平原区地下水埋深跳跃变异显著性检验和
变异强度计算结果

可能变异点	滑动游程检验 Z 值	显著性强度	相关系数 r	变异强度
1998 年	-5.89	强	0.777	中强
1999 年	-5.88	强	0.813	强
2000 年	-5.78	强	0.766	中强

由表 4.1-9 可知，地下水埋深跳跃变异可能的变异点分别为 1998 年、
1999 年和 2000 年，并且 1998 年呈现强变异强度，1998 年和 2000 年为中强
变异强度。就跳跃变异点的显著性而言，这三个可能的变异点均表现为强显
著性。

对大清河流域平原区地下水埋深跳跃变异点和显著性做进一步检验，结
果见表 4.1-10。

表 4.1-10　　　大清河流域平原区地下水埋深跳跃变异点和显著性检验

方　　　法	变异点	显著性
滑动游程检验	2000 年	不显著
滑动秩和检验	1998 年	显著
滑动 t 检验	1998 年	不显著
有序聚类分析	2000 年	—
Mann-Kendall 检验	1998 年	显著

由表 4.1-10 可知，滑动秩和检验、有序聚分析和 Mann-Kendall 检验
检测出的变异点为 1998 年，且为显著变异点，故本书选取 1998 年为大清河
流域平原区地下水埋深的跳跃变异点。

2. 跳跃变异强度

由表 4.1-9 可知，1998 年相关系数 r 为 0.777，结合跳跃变异强度量化
分级表可知，该强度为中强变异强度。故 1998 年地下水埋深跳跃变异为中强
跳跃变异。

3. 跳跃变异显著性

由表 4.1-9 可知，1998 年滑动游程检验 $|Z|$ 为 5.89，为强变异显著性。

大清河流域平原区地下水埋深变异前后均值变化如图 4.1-12 所示。

由图 4.1-12 可知，1975—2017 年大清河流域平原区地下水埋深呈下降
趋势，并且在变异前平均地下水埋深为 8.80m，在变异发生后平均地下水埋
深为 20.7m，地下水位降低了 11.9m，说明在变异发生后，地下水位显著降
低。该现象发生的原因和大清河流域平原区地下水严重超采有一定的关系。

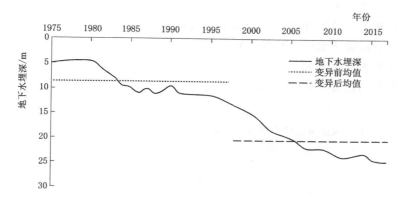

图 4.1-12 大清河流域平原区地下水埋深变异前后均值变化图

4.1.4.2 地下水埋深趋势变异分析

1. 趋势变异显著性

利用累积距平曲线和 Mann - Kendall 检验对大清河流域平原区 1975—2017 年的地下水埋深进行趋势检验，检验结果如图 4.1-13 所示。

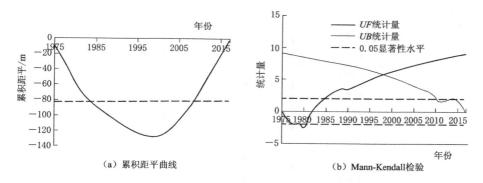

(a) 累积距平曲线   (b) Mann-Kendall检验

图 4.1-13 大清河流域平原区地下水埋深序列趋势检验图

(1) 由地下水埋深累积距平曲线可知，1975—1998 年，地下水位呈上升趋势，1998—2015 年地下水水位呈下降趋势，并且在 1975—2015 年的研究时段内整体呈下降趋势。

(2) 1982 年 UF 统计量的值均大于 0 且一直增加，并且 1998 年 UF 统计量的值超过了 0.05 显著性水平。说明在研究时段内，地下水水位一直呈下降趋势，并且在 1998 年显著下降。计算得到地下水埋深的显著性统计量 $V = 3.2697 > 0$，说明在研究时段内平原区的地下水位在整体上呈强显著下降趋势。

2. 趋势变异强度

利用相关系数法计算可知，地下水埋深和时间序列的相关系数 $r=0.91$，由此可以看出地下水埋深趋势变异强度为强变异。

在分析大清河流域平原区地下水埋深趋势变化的基础上，对所选的地下水位监测点的趋势变异进行类似分析，所选地下水位监测站点的趋势变异计算结果见表 4.1-11。

表 4.1-11　大清河流域平原区站点地下水埋深趋势变异计算结果

站点	滑动游程检验 Z 值	显著性强度	相关系数 r	趋势变异强度
涞水	2.024	中	0.450	中
易县	3.036	强	0.904	强
涿州	0.389	无	0.129	无
定兴	2.569	中强	0.581	中
高碑店	2.257	中	0.836	强
曲阳	4.126	强	0.997	强
唐县	3.814	强	0.989	强
顺平	4.126	强	0.99	强
满城	-3.736	强	-0.965	强
徐水	3.658	强	0.954	强
定州	3.736	强	0.972	强
安国	3.814	强	0.985	强
博野	3.503	强	0.974	强
蠡县	3.658	强	0.982	强
高阳	3.347	强	0.959	强
清苑	2.880	强	0.92	强
望都	3.814	强	0.982	强
雄县	2.257	中	0.585	中
容城	3.658	强	0.987	强
安新	3.036	强	0.976	强

由表 4.1-11 可知，在地下水埋深监测站点中，除了涿州站未发生趋势变异之外，其余站点均呈现中等强度或者强趋势变异，且强趋势变异占据了主要部分。除此之外，在发生趋势变异的站点中，除了满城站的地下水位呈显著上升趋势且具有强的变异强度外，其他站点地下水位均呈下降趋势。综合来看，无论是从单个站点还是整体来分析，大清河流域平原区地下水位具有显著下降的趋势，且趋势变异呈现较强的变异强度。分析其变化原因可知，

地下水位的变化受补给和排泄的共同影响，而对于大清河流域平原区来说，降雨量是地下水补给的主要来源，开采量为地下水排泄的主要去向。根据实测资料可知，2005—2015 年大清河流域平原区的降雨相对丰沛，但是地下水仍然处于超采状态，并且超采量较大，所以地下水位并未上升，只是下降的速率相对减慢。

4.1.4.3 地下水埋深周期变异分析

以 1998 年为地下水埋深跳跃变异的点，对 1975—2017 年地下水埋深序列进行 CEEMDAN 分解，探索变异前后地下水埋深的周期变化。地下水埋深变异前后分量如图 4.1 - 14 所示。

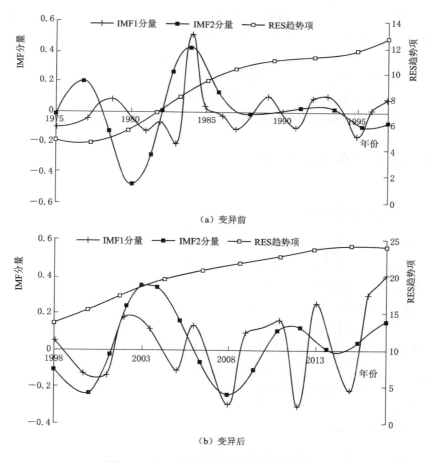

（a）变异前

（b）变异后

图 4.1 - 14　地下水埋深变异前后分量图

由图 4.1 - 14 可知，变异前地下水埋深具有 5a 和 8a 的波动周期，变异后地下水埋深具有 5a 和 10a 的波动周期。在变异前后，波动周期未发生明显的变化，且地下水位均呈下降趋势。

利用多时间尺度熵的方法，计算变异前后地下水埋深的 IMF 分量和 RES 趋势项的多时间尺度熵，计算结果见表 4.1 - 12。

表 4.1 - 12　　　　　　地下水埋深变异前后各分量熵值

序列	IMF1 分量	IMF2 分量	RES 趋势项
变异前	0.933	0.965	0.905
变异后	0.932	0.915	0.947

（1）地下水埋深变异前多时间尺度熵。由表 4.1 - 12 可知，地下水埋深发生变异前，趋势项的熵值最小为 0.905，说明 RES 趋势项携带的信息量最少，其次是 IMF1 分量，IMF2 分量熵值最大，说明其携带的信息量最多。

（2）地下水埋深变异后多时间尺度熵。由表 4.1 - 12 可知，地下水埋深变异后趋势项的熵值最大，说明 RES 趋势项携带的信息量最多，其次是 IMF1 分量，IMF2 分量携带的信息量最少。

4.2　水文气象要素空间变异

4.2.1　降雨量空间变异

利用 SPSS 软件对大清河平原区不同气象站点的降雨量数据求年平均值，得到 1974—2013 年大清河流域平原区的年平均年降雨量数据，并进行描述性统计分析，获取最大值、最小值、均值、标准差，并利用 K - S 检验法的正态分布检验，判别是否通过 5% 的双尾检验，结果见表 4.2 - 1。由表 4.2 - 1 可知，K - S 检验的 D 值小于临界值 0.237，故符合正态分布。因此可以采用地统计学分析工具对其进行相关分析。

表 4.2 - 1　　　　　　大清河平原区降雨量描述性统计量

统计项	最大值	最小值	均值	标准差	D 值
年平均降雨量	802.30	293.57	509.47	132.61	0.1255

依据年平均降雨量数据计算相应变异函数值并与变异函数的理论模型进行拟合，得到最优的拟合模型及其参数见表 4.2 - 2。基于均方根误差最小、标准平均值误差最接近于 0 的目标选取最优模型，由表 4.2 - 2 可知，高斯模型为最优模型。

表 4.2-2   变 异 函 数 模 型 选 择

理论模型	块金值（C_0）	基台值（C_0+C）	块基比	变程/m	均方根误差	标准平均值误差
高斯模型	156.79	1679.04	0.085	27066	15.29	−0.0006
指数模型	0	1055.40	0	27066	15.39	−0.018
球状模型	0	1366.14	0	27066	15.48	−0.027

选取平均误差、均方根误差、标准平均值误差、标准化均方根误差、平均标准误差等五个指标进行交叉验证以检验空间插值的整体精度（表 4.2-3）。拟合函数模型及其参数是否合理的评判标准：平均误差和标准平均值误差接近于 0；均方根误差尽可能小，平均标准误差接近于均方根，以及标准化均方根误差接近于 1。若平均标准误差＞均方根误差，则过高估计了预测值；反之，则过低估计了预测值；如果标准化均方根误差＞1，则过低估计了预测值；反之，则过高估计了预测值。

分析表 4.2-3 可知，标准平均值误差可近似为 0，平均误差为 −0.27；平均标准误差和均方根误差接近，标准化均方根误差接近于 1，总体来说拟合模型和所选参数是合理的，且平均标准误差＜均方根误差，标准化均方根误差＜1，说明预测值偏低。原因是所选取的气象站点偏少且分布不均匀，在中部和东部站点分布较少。

表 4.2-3   普通克里金插值法对应的交叉验证值

插值法	平均误差	均方根误差	标准平均值误差	标准化均方根误差	平均标准误差
普通克里金	−0.27	15.79	−0.00059	1.059	14.87

1. 空间相关性

块基比的大小可以衡量区域化变量空间相关的程度，如果比值＜25%，表明区域化变量具有强烈的空间相关性；比值为 25%～75%，则区域化变量具有中等空间相关性；比值＞75%，说明区域化变量之间的空间相关性很弱。由表 4.2-2 可知，所选模型的块金值为 156.79，基台值为 1679.04，变程为 27066m，故模型的块基比为 8.5%，说明年均降雨量的空间结构具有强空间自相关性，并且当区域化变量空间上两点的相关性随着距离的增大而减弱，两点间距离大于变程 27066m 时，该区域变量将不存在空间相关性。

2. 变异成分与变异强度

用变异函数中的块金值来反映区域化变量随机性的大小，用基台值来反映区域化变量结构性的大小。由表 4.2-2 可知，模型的块基比为 8.5%，故由随机因素引起的降雨量空间异质性占空间总异质性的 8.5%，而结构性引起的空间异质性占空间总变异性质的 91.5%，表明研究区的空间异质性受结构性的影响最大，几乎不受随机性的影响。

3. 各向异性

为了探究空间变异除了和距离有关之外是否和方向也存在一定的关系，即空间变异的各向异性，选取具有代表性的方向来判断空间变异在这些方向上的性质。因东南西北以及东北方、西南方、东南方和西北方向易于识别，故选取这些方向作为各向异性的方向。

根据选取的 0°、45°、90°和 135°方向，计算各个方向上的各向异性比，当各向异性比接近 1 时说明区域化变量在该方向上不存在各向异性，反之则存在各向异性。大清河流域平原区降雨量的各向异性分析结果见表 4.2-4。

表 4.2-4　　　　大清河流域平原区降雨量的各向异性分析结果

方向/(°)	函数模型	主变程/m	次变程/m	各向异性比
0	高斯函数	200425	270665	0.74
45	高斯函数	264108	270665	0.98
90	高斯函数	270665	200425	1.35
135	高斯函数	270665	264108	1.02

由表 4.2-4 可知，区域化变量在 0°和 90°方向上具有各向异性，而在 45°和 135°方向上的各向异性比接近于 1，故在 45°和 135°方向上几乎不存在各向异性，即区域化变量在 0°和 90°方向上的空间变异性不仅和距离存在关系，还与变量之间的方向有关，而在 45°和 135°方向上只存在各向同性。

4.2.2　气温空间变异

大清河流域平原区年均气温正态分布检验结果见表 4.2-5。由表 4.2-5 可知，K-S 检验的 D 值小于临界值 0.237，故符合正态分布。因此可以采用地统计分析工具对其进行相关分析。

表 4.2-5　　　　大清河流域平原区年均气温描述性统计量

统计项	最大值	最小值	均值	标准差	D 值
年均气温	13.125	11.634	12.497	0.36	0.1418

依据年均气温数据计算相应变异函数值并与变异函数的理论模型进行拟合，得到最优的拟合模型及其参数见表 4.2-6。

表 4.2-6　　　　　　　　变 异 函 数 模 型 选 择

理论模型	块金值（C_0）	基台值（C_0+C）	块基比	变程/m	均方根误差	标准平均值误差
高斯模型	0.058	0.144	0.40	98450	0.332	−0.0197
指数模型	0.012	0.153	0.08	133746	0.339	−0.0185
球状模型	0.037	0.143	0.26	110053	0.333	−0.0233

由表 4.2-6 可知，高斯模型的参数更符合插值要求，故选取高斯模型为最优模型。

对大清河流域平原区气温进行交叉验证以检验空间插值的整体精度，交叉验证指标见表 4.2-7。

表 4.2-7　　　　　　　　普通克里金插值法对应的交叉验证值

插值法	平均误差	均方根误差	标准平均值误差	标准化均方根误差	平均标准误差
普通克里金	-0.0077	0.3317	-0.0197	1.1109	0.3035

分析表 4.2-7 可知，大清河流域平原区气温普通克里金插值交叉验证的标准平均值误差为 -0.0197，平均标准误差为 0.3035；平均标准误差和均方根误差大致相等，标准化均方根误差接近于 1。以上表明拟合模型的选取和所选择的参数在整体上是合理的，预测值略微偏大。

1. 空间相关性

由表 4.2-6 可知，高斯模型的块金值为 0.058，基台值为 0.144，变程为 98450m，故高斯模型的块基比为 40%，处于 25%~75% 之间，说明大清河流域平原区气温的空间结构表现出中等程度的空间自相关性，并且当区域化变量空间上两点的相关性随着距离的增大而减弱，两点间距离大于变程 98450m 时，该区域变量不再存在空间相关性。

2. 变异成分与变异强度

根据表 4.2-6 可知高斯模型的块基比为 40%，故由随机因素引起的气温的空间异质性占空间总异质性的 40%，而结构性引起的空间异质性占空间总变异性质的 60%，表明研究区的空间异质性会随着随机因素的影响发生变化，但是该变化较小。高斯模型的基台值为 0.144，故气温空间变异程度为较弱的变异。

3. 各向异性

为了探究空间变异除了和距离有关外是否和方向也存在一定的关系，即空间变异的各向异性，选取具有代表性的方向来判断空间变异在这些方向上的性质。因东南西北以及东北方、西南方、东南方和西北方向易于识别，故选取这些方向作为各向异性的方向。

根据选取的 0°、45°、90° 和 135° 方向，计算各个方向上的各向异性比，当各向异性比接近 1 时说明区域化变量在该方向上不存在各向异性，反之则存在各向异性。大清河流域平原区气温各向异性分析结果见表 4.2-8。

表 4.2 - 8　　　　　大清河流域平原区气温各向异性分析结果

方向/(°)	函数模型	主变程/m	次变程/m	各向异性比
0	高斯函数	78784.55	193898.10	0.406
45	高斯函数	94860.83	100295.30	0.946
90	高斯函数	193898.10	78784.55	2.461
135	高斯函数	100295.30	94860.83	1.057

由表 4.2 - 8 可知，在不同角度上主变程与次变程的比值即为各向异性比，区域化变量在 0°和 90°方向上具有各向异性，而在 45°和 135°方向上各向异性比接近于 1，故在 45°和 135°方向上几乎不存在各向异性，即区域化变量在 0°和 90°方向上的空间变异性不仅和距离存在关系，还与变量之间的方向有关，而在 45°和 135°方向上只存在各向同性。

4.2.3　蒸发量空间变异

大清河流域平原区 1974—2013 年不同气象站点的年平均蒸发量对应的正态分布检验结果见表 4.2 - 9。由表 4.2 - 9 可知，K - S 检验的 D 值小于临界值 0.237，故符合正态分布。因此可以采用地统计分析工具对其进行相关分析。

表 4.2 - 9　　　　　大清河流域平原区蒸发量描述性统计量

统计项	最大值	最小值	均值	标准差	D 值
年平均蒸发量	1814.41	1421.64	1628.39	112.42	0.205

依据年平均蒸发量数据计算相应变异函数值并与变异函数的理论模型进行拟合，得到最优的拟合模型及其参数见表 4.2 - 10。

表 4.2 - 10　　　　　变 异 函 数 模 型 选 择

理论模型	块金值（C_0）	基台值（C_0+C）	块基比	变程/m	均方根误差	标准平均值误差
高斯模型	3252.29	11917.45	0.27	59079	93.59	−0.08
指数模型	0	13582.79	0	104830	93.23	−0.03
球状模型	3820.05	13174.13	0.29	104830	93.21	−0.025

由表 4.2 - 10 可知，球状模型的参数更符合要求，故选取球状模型为最优模型。

模型选定后，对所选模型进行交叉验证以检验空间插值的整体精度，交叉验证指标见表 4.2 - 11。

表 4.2 - 11　　　　　普通克里金插值法对应的交叉验证值

插值法	平均误差	均方根误差	标准平均值误差	标准化均方根误差	平均标准误差
普通克里金	−2.73	94.91	−0.025	1.018	94.70

分析表 4.2-11 可知，该插值交叉验证的标准平均值误差为 -0.025，平均误差为 -2.73；平均标准误差和均方根误差大致相等，标准化均方根误差接近于 1。以上表明拟合模型的选取和所选择的参数在整体上是合理的。

1. 空间相关性

由表 4.2-10 可知，球状模型的块金值为 3820.05，基台值为 13174.13，变程为 104830m，故大清河流域平原区蒸发量的块基比为 27%，说明大清河流域平原区蒸发量空间结构具有中等的空间自相关性。又因变程为 104830m，说明在该范围内区域化变量均具有自相关性，并且随着距离的增加自相关性逐渐减小，当空间点的距离超过该距离时，区域化变量不再具有空间自相关性。

2. 变异成分与变异强度

分析块基比可知，球状模型的块基比为 29%，即由随机因素引起的异质性占空间总异质性的 29%，而结构性引起的空间异质性占空间总变异性质的 71%，表明在大清河流域平原区蒸发量的空间变异中，由于结构性引起的变异在空间变异中占主要部分。

3. 各向异性

根据选取的 0°、45°、90° 和 135° 方向，计算各个方向上的各向异性比，大清河流域平原区蒸发量各向异性分析结果见表 4.2-12。

表 4.2-12　　　　大清河流域平原区蒸发量各向异性分析结果

方向/(°)	函数模型	主变程/m	次变程/m	各向异性比
0	高斯函数	83044	104830	0.79
45	高斯函数	104830	59079	1.77
90	高斯函数	104830	83044	1.26
135	高斯函数	59079	104830	0.56

由表 4.2-12 可知，区域化变量在所选的四个方向上的各向异性比分别为 0.79、1.77、1.26 和 0.56，均和 1 相差较大，故该区域化变量在 0°、45°、90° 和 135° 方向上均具有各向异性，即大清河流域平原区蒸发量在所选的方向上的空间变异性不仅和距离有关还与方向有关。

4.2.4　地下水埋深空间变异

利用地统计学方法，依据年均地下水埋深数据计算相应变异函数值并与变异函数的理论模型进行拟合，得到最优的拟合模型及其参数见表 4.2 - 13。

表 4.2 - 13　　　　　　变异函数模型选择

理论模型	块金值（C_0）	基台值（C_0+C）	块基比	变程/m	均方根误差	标准平均值误差
高斯模型	15.03	38.25	0.39	0.51	6.22	−0.052
指数模型	0	40.02	0	0.63	6.45	−0.052
球状模型	9.35	38.12	0.25	0.58	6.28	−0.059

由表 4.2 - 13 可知，高斯模型的参数更符合要求，故选取高斯模型为最优模型。

模型选定后，对所选模型进行交叉验证以检验空间插值的整体精度，普通克里金插值交叉验证值见表 4.2 - 14。

表 4.2 - 14　　　　　　普通克里金插值交叉验证值

插值法	平均误差	均方根误差	标准平均值误差	标准化均方根误差	平均标准误差
普通克里金	−0.08	6.22	−0.05	1.15	5.36

分析表 4.2 - 14 可知，该插值交叉验证的标准平均值误差为 −0.05，平均误差为 −0.08；平均标准误差和均方根误差大致相等，标准化均方根误差接近于 1。表明拟合模型的选取和所选择的参数在整体上是合理的，预测值略微偏小。

1. 空间自相关性

由表 4.2 - 13 可知，高斯模型的块金值为 15.03，基台值为 38.25，变程为 0.51m，故大清河流域平原区地下水埋深的块基比为 39%，说明大清河流域平原区地下水埋深空间结构具有中等的空间自相关性，且在变程范围内区域化变量均具有自相关性，并且随着距离的增加自相关性逐渐减小，当空间点的距离超过该距离时，区域化变量不再具有空间自相关性。

2. 变异成分与变异强度

由上述计算可知，高斯模型的块基比为 39%，说明由随机因素引起的地下水埋深的异质性占空间总异质性的 39%，而结构性引起的空间异质性占空间总变异性质的 61%，表明在大清河流域平原区地下水埋深空间变异中，由于结构性引起的变异在空间变异中占主要部分。

3. 各向异性

根据选取的 0°、45°、90°和 135°四个方向，计算各个方向上的各向异性比，大清河流域平原区地下水埋深的各向异性分析结果见表 4.2 - 15。

表 4.2-15   大清河流域平原区地下水埋深的各向异性分析结果

方向/(°)	函数模型	主变程/m	次变程/m	各向异性比
0	高斯函数	0.65	0.46	1.41
45	高斯函数	0.46	0.75	0.61
90	高斯函数	0.46	0.65	0.71
135	高斯函数	0.75	0.46	1.64

由表 4.2-15 可知，区域化变量在所选的四个方向上的各向异性比分别为 1.41、0.61、0.71 和 1.64，和 1 相差较大，说明在 0°、45°、90°和 135°四个方向上地下水埋深变异表现为各向异性，即在所选的四个方向上的空间变异性不仅与距离存在关系，还与站点之间的方向有关。

4.3　水文气象要素时空变异测度

4.3.1　气温时空变异测度

4.3.1.1　气温时间变异测度分析

根据第 3 章确定的时间变异指标体系和计算方法，以及 4.1.2 节中量化的结果对大清河流域平原区气温时间变异的测度进行计算。

利用层次分析法和熵权法分别对选定的指标进行主观权重和客观权重计算，在计算出主观权重和客观权重的基础上进行综合权重的计算，计算结果见表 4.3-1。

表 4.3-1   大清河流域平原区气温时间变异指标权重

目标层	准则层	主观权重	客观权重	综合权重	指标层	主观权重	客观权重	综合权重
时间变异	跳跃变异	0.527	0.316	0.422	变异强度	0.299	0.212	0.256
					变异显著性	0.589	0.563	0.575
					变异数目	0.112	0.225	0.169
	趋势变异	0.280	0.345	0.312	变异强度	0.333	0.401	0.251
					变异显著性	0.667	0.599	0.749
	周期变异	0.193	0.339	0.266	变异前熵值	0.479	0.462	0.441
					变异后熵值	0.521	0.538	0.559

由表 4.3-1 可知：

（1）在一级指标中，跳跃变异综合权重最大，为 0.422，趋势变异次之，为 0.312，周期变异最小，为 0.266，说明在大清河流域平原区气温的时间变异中跳跃变异为主要的变异形式、其次是趋势变异，周期变异也有发生，但是周期变异占比较小。

（2）在跳跃变异中，变异显著性的综合权重最大，为 0.575，变异强度次之为 0.256，变异数目的权重最小，为 0.169，说明在跳跃变异中，变异显著性起着主要作用，其次是变异强度，变异数目所占比例最小。

（3）在趋势变异中，变异显著性的综合权重远大于变异强度，说明在趋势变异中趋势变异的显著性尤为重要。

（4）在周期变异中，变异前后熵值的综合权重很接近，并且都在 0.5 左右，但是变异后的熵值要略大于变异前的熵值，表明在变异前后熵值并未出现太大的变化。

利用熵权法得到指标层的权重，并结合 TOPSIS 评价对大清河流域平原区气温的时间变异进行综合评价，评价得分如图 4.3-1 所示。

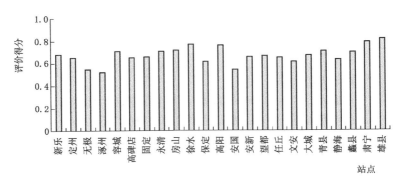

图 4.3-1　大清河流域平原区气温时间变异 TOPSIS 综合评价得分

由图 4.3-1 可知，大清河流域平原区气温综合评价得分除了无极站、涿州站、安国站之外，其他站点的得分集中在 0.6～0.8（较强）之间。其中涿州站的综合得分为 0.519，排名最低；雄县站综合得分为 0.815，排名最高。说明在所选的 23 个站点中雄县站气温发生时间变异的程度最大，涿州站发生变异的程度最小，并且多数站点气温表现为较强的时间变异强度。

大清河流域平原区气温时间变异综合评价得分空间分布如图 4.3-2 所示。

由图 4.3-2 可知，大清河流域平原区气温时间变异的综合评价得分在中南部最高，在西南部和北部得分最低。在中间区域得分由北向南逐渐增加，说明大清河流域平原区气温时间变异程度在中南部最强，在西南部和北部变异强度相对较小，且时间变异程度由北向南逐渐减弱。

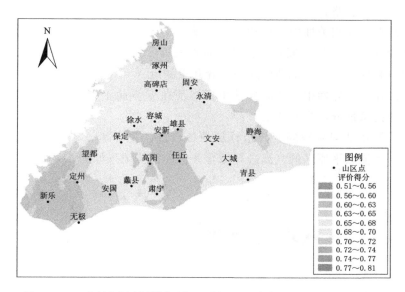

图 4.3-2　大清河流域平原区气温时间变异综合评价得分空间分布图

4.3.1.2　空间变异测度分析

大清河流域平原区气温空间变异指标权重计算结果见表 4.3-2。

表 4.3-2　　　　　大清河流域平原区气温空间变异指标权重

目标层	准则层	权重	指标层	权重
空间变异	变异成分	0.34	结构性	0.54
			随机性	0.46
	空间相关性	0.14	自相关程度	0.53
			自相关范围	0.47
	各向异性	0.43	0°	0.56
			45°	0.22
			90°	0.14
			135°	0.08
	变异强度	0.08		

由表 4.3-2 可知:

(1) 在一级指标中,各向异性所占的权重最大,为 0.43,变异成分次之,为 0.34,变异强度最小,为 0.08。说明在空间变异中,由各向异性引起的变异为主要部分,其次是变异成分,而空间变异强度在空间变异中占的比例最小，几乎可以忽略。

（2）在空间相关性中，自相关程度所占的比重为 0.53，自相关范围所占的比重为 0.47，说明空间自相关性受自相关程度的影响较大。在变异成分中，结构性引起的变异和随机性引起的变异几乎相近。

（3）在各向异性中，各向异性主要体现在 0°方向上，在 135°方向上各向异性占的比重最低，为 0.08。

利用熵权法得到空间变异指标层的各权重，并将其与 TOPSIS 评价相结合对大清河流域平原区的气温进行综合评价，评价结果如图 4.3-3 所示。

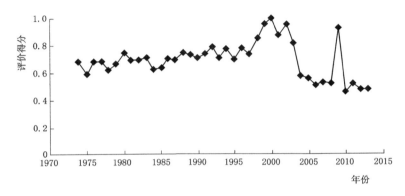

图 4.3-3 大清河流域平原区气温空间变异综合评价得分

由图 4.3-3 可知，2000 年气温空间变异综合评价得分最高，为 0.99，1999 年次之，为 0.96，2010 年得分最低，为 0.47。以上说明在大清河流域平原区气温空间变异中，2000 年的变异强度最大，2010 年的变异强度最小。在 1998 年之后空间变异得分浮动较大，说明在 1998 年之后大清河流域平原区气温的空间变异强度变化比较明显。

4.3.2 蒸发量时空变异测度

4.3.2.1 蒸发量时间变异测度分析

大清河流域平原区蒸发量时间变异指标权重计算结果见表 4.3-3。

表 4.3-3 大清河流域平原区蒸发量时间变异指标权重

目标层	准则层	主观权重	客观权重	综合权重	指标层	主观权重	客观权重	综合权重
时间变异	跳跃变异	0.527	0.476	0.501	变异强度	0.299	0.235	0.267
					变异显著性	0.589	0.459	0.524
					变异数目	0.112	0.306	0.209

续表

目标层	准则层	主观权重	客观权重	综合权重	指标层	主观权重	客观权重	综合权重
时间变异	趋势变异	0.280	0.374	0.327	变异强度	0.333	0.279	0.306
					变异显著性	0.667	0.721	0.694
	周期变异	0.193	0.150	0.172	变异前熵值	0.479	0.407	0.441
					变异后熵值	0.521	0.593	0.559

由表 4.3-3 可知：

（1）在一级指标中，跳跃变异的综合权重最大，为 0.501，趋势变异次之，为 0.327，周期变异最小，为 0.172，说明在大清河流域平原区蒸发量的时间变异中以跳跃变异为主，趋势变异和周期变异对整体时间变异的影响较小。

（2）在影响跳跃变异的指标中，跳跃变异显著性的综合权重最大，为 0.524，跳跃变异强度的综合权重次之，为 0.267，跳跃变异数目的综合权重最小，为 0.209，说明在跳跃变异中变异显著性起主要作用，变异强度比重略大于变异数目。

（3）在趋势变异中，趋势变异显著性的综合权重为 0.694，变异强度的综合权重为 0.306，说明变异显著性对趋势变异的影响最大，占趋势变异的大部分，而趋势变异强度对趋势变异的影响较小。

（4）在周期变异中，周期变异前后的熵值的综合权重分别为 0.441 和 0.559，变异后序列所蕴含的信息量对周期变异的影响较大于变异前。

运用熵权法得到时间变异指标层的各权重，并将其与 TOPSIS 评价相结合对大清河流域平原区的蒸发量时间变异进行综合评价，评价得分如图 4.3-4 所示。

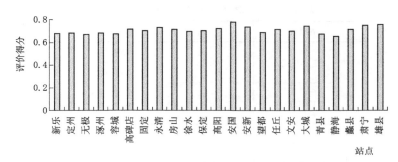

图 4.3-4　大清河流域平原区蒸发量时间变异综合评价得分

由图 4.3-4 可知，大清河流域平原区各站点蒸发量时间变异综合评价得分均在 0.6～0.8 之间，该区间内的变异强度为较强的时间变异。对于大清河流域平原区蒸发量，其时间变异强度相差不大，变异强度较均匀。

大清河流域平原区蒸发量时间变异综合评价得分空间分布如图 4.3 - 5 所示。

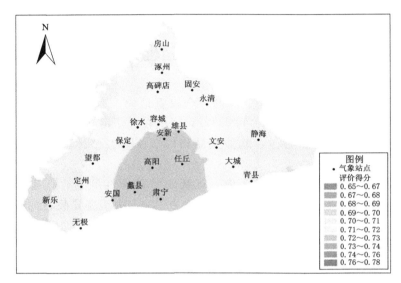

图 4.3 - 5　大清河流域平原区蒸发量时间变异综合评价得分空间分布图

由图 4.3 - 5 可知，中南部地区的蒸发量时间变异综合评价得分最高，除了靠近山区的边界地带和静海区域外，剩余区域得分几乎相同，说明大清河流域平原区蒸发量在时间上的变异强度相差较小。

4.3.2.2　蒸发量空间变异测度分析

大清河流域平原区蒸发量空间变异指标权重计算结果见表 4.3 - 4。

表 4.3 - 4　　　　大清河流域平原区蒸发量空间变异指标权重

目标层	准则层	权重	指标层	权重
空间变异	变异成分	0.22	结构性	0.25
			随机性	0.75
	空间相关性	0.28	自相关程度	0.33
			自相关范围	0.67
	各向异性	0.44	0°	0.29
			45°	0.10
			90°	0.28
			135°	0.33
	变异强度	0.06		

由表 4.3-4 可知：

（1）在一级指标中，各向异性所占的权重最大，为 0.44，空间相关性次之，为 0.28，变异强度所占的权重最小，为 0.06。说明在空间变异中，由各向异性引起的变异为主要部分，其次是变异成分所带来的变异，而空间变异强度在空间变异中的比例最小，几乎可以忽略。

（2）在变异成分中，结构性的权重为 0.25，随机性的权重为 0.75，说明在变异成分中，主要是由于随机性引起的变异。在空间相关性中，自相关程度所占的比重为 0.33，自相关范围所占的比重为 0.67，说明空间自相关性受自相关范围的影响远大于自相关程度的影响。

（3）在各向异性中，各向异性主要体现在 145°方向上，且在 0°和 90°方向上的各向异性相差不大，在 45°方向上的各向异性最小。

利用熵权法得到空间变异指标层的各权重，并将其与 TOPSIS 评价相结合对大清河流域平原区的蒸发量空间变异进行综合评价，评价结果如图 4.3-6 所示。

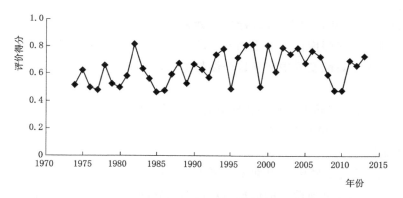

图 4.3-6　大清河流域平原区蒸发量空间变异综合评价得分

由图 4.3-6 可知，大清河流域平原区蒸发量空间变异综合评价得分在 0.4～0.8 之间，为较强和强的空间变异。其中，1998 年得分最高，为 0.82，1985 年得分最低，为 0.46。以上说明在大清河流域平原区蒸发量空间变异中，1998 年变异强度最大，为强空间变异；1985 年变异强度最小，为较强的空间变异。

4.3.3　地下水埋深时空变异测度

4.3.3.1　地下水埋深时间变异测度分析

大清河流域平原区地下水埋深时间变异指标权重计算结果见表 4.3-5。

表 4.3 - 5　 　 　 　 大清河流域平原区地下水埋深时间变异指标权重

目标层	准则层	主观权重	客观权重	综合权重	指标层	主观权重	客观权重	综合权重
时间变异	跳跃变异	0.527	0.385	0.456	变异强度	0.299	0.17	0.234
					变异显著性	0.589	0.62	0.605
					变异数目	0.112	0.21	0.161
	趋势变异	0.280	0.327	0.303	变异强度	0.333	0.499	0.416
					变异显著性	0.667	0.501	0.584
	周期变异	0.193	0.288	0.241	变异前熵值	0.479	0.434	0.457
					变异后熵值	0.521	0.566	0.543

由表 4.3 - 5 可知：

（1）在一级指标中，跳跃变异的综合权重最大，为 0.456，趋势变异次之，为 0.303，周期变异最小，为 0.241，说明在大清河流域平原区地下水埋深的时间变异中以跳跃变异为主，趋势变异其次，周期变异对整体时间变异的影响最小。

（2）在影响跳跃变异的指标中，跳跃变异显著性的综合权重最大，为 0.605，跳跃变异强度比重次之为 0.234，跳跃变异数目的综合权重最小，为 0.161，说明在跳跃变异中变异显著性起主要作用，变异强度的比重略大于变异数目。

（3）在趋势变异中，趋势变异显著性的综合权重为 0.584，变异强度的综合权重为 0.416，说明在趋势变异中变异显著性对趋势变异的影响略大于趋势变异的强度。

（4）在周期变异中，周期变异前后的熵值的综合权重分别为 0.457 和 0.543，变异后序列所蕴含的信息量对周期变异的影响较大于变异前。

利用熵权法得到时间变异指标层的各权重，并将其与 TOPSIS 评价相结合对大清河流域平原区地下水埋深时间变异进行综合评价，评价得分如图 4.3 - 7 所示。

由图 4.3 - 7 可知，涿州站地下水埋深时间变异综合评价得分最高，为 0.88，定州站次之为 0.56，定兴站得分最低，为 0.10，说明在这些站点中，涿州站地下水埋深时间变异强度最大，为强时间变异，定兴站地下水埋深在时间上未发生变异。并且各站点地下水埋深时间变异的得分大部分在 0.2 左右，说明大清河流域平原区各站点地下水埋深时间变异多为弱时间变异。

4.3.3.2 　 地下水埋深空间变异测度分析

大清河流域平原区地下水埋深空间变异指标权重见表 4.3 - 6。

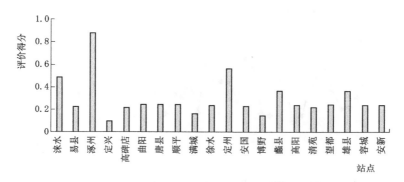

图 4.3-7 大清河流域平原区地下水埋深时间变异综合评价得分

表 4.3-6　　　　　　大清河流域平原区地下水埋深空间变异指标权重

目标层	准则层	权重	指标层	权重
空间变异	变异成分	0.15	结构性	0.51
			随机性	0.49
	空间相关性	0.38	自相关程度	0.40
			自相关范围	0.60
	各向异性	0.41	0°	0.18
			45°	0.27
			90°	0.36
			135°	0.19
	变异强度	0.06		

由表 4.3-6 可知：

（1）在一级指标中，各向异性所占的权重最大，为 0.41，空间相关性次之，为 0.38，变异强度所占的权重最小，为 0.06。说明在空间变异中，由各向异性引起的变异为主要部分，其次是空间相关性所带来的变异，而空间变异强度在空间变异中占的比例最小，几乎可以忽略。

（2）在空间相关性中，自相关程度所占的比重为 0.40，自相关范围所占的比重为 0.60，说明空间自相关性受自相关范围的影响远大于自相关程度的影响。在变异成分中，结构性的权重为 0.51，随机性的权重为 0.49，说明在变异成分中，主要是由于结构性引起的变异。

（3）在各向异性中，各向异性主要体现在 90°方向上，其次是 45°方向上，且在 0°和 135°方向上的各向异性相差不大。

结合熵权法，计算得到地下水埋深空间变异指标层的各权重，并将其与 TOPSIS 评价相结合对大清河流域平原区地下水埋深空间变异进行综合评价，评价得分如图 4.3 - 8 所示。

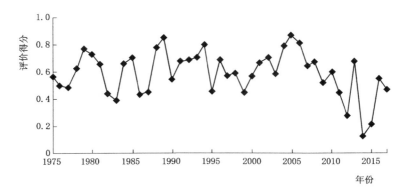

图 4.3 - 8　大清河流域平原区地下水埋深空间变异综合评价得分

由图 4.3 - 8 可知，2005 年地下水埋深空间变异综合评价得分最高，为
0.86，2014 年的得分最低，为 0.13。说明 1975—2017 年在地下水埋深空间
变异中，2005 年整体空间变异强度最大，2014 年空间变异强度最小，并且大
清河流域平原区地下水埋深的空间变异强度在 2005 年之后有短暂的下降
趋势。

4.3.4　水文气象要素时空变异测度研究

4.3.4.1　水文气象要素时空变异权重

根据前文对水文气象要素时间变异和空间变异的分析评价结果，最终确
定各气象要素分别在时间变异和空间变异上的权重，计算结果见表 4.3 - 7。

表 4.3 - 7　　　　　　　水文气象要素时间变异和空间变异权重

要素	时　间　变　异			空　间　变　异		
	气温	蒸发量	地下水埋深	气温	蒸发量	地下水埋深
权重	0.49	0.53	0.35	0.51	0.47	0.65

由表 4.3 - 7 可知：

（1）对于气温而言，大清河流域平原区气温在空间变异上的权重均大于
时间变异，但相差不大，说明气温空间变异强度略大于时间变异。

（2）在蒸发量的时空变异中，大清河流域平原区蒸发量在时间变异和空
间变异中的权重分别为 0.53 和 0.47，蒸发量在时间变异上所占的权重略大于
空间变异，说明在时空变异中，蒸发量的时间变异的重要程度略大于空间
变异。

（3）在地下水埋深的时空变异中，其时间变异所占的权重为 0.35，空间

变异所占的权重为 0.65，说明大清河流域平原区地下水埋深的时空变异主要受到空间变异的影响，即地下水埋深在空间上的变化要大于其在时间上的变化。

4.3.4.2 水文气象要素时空变异强度

在计算出各水文气象要素时间变异和空间变异权重的基础上，对其时间变异和空间变异进行评价，评价得分见表 4.3-8。

表 4.3-8　　　　　水文气象要素时间变异和空间变异综合评价

要素	时　间　变　异			空　间　变　异		
	气温	蒸发量	地下水埋深	气温	蒸发量	地下水埋深
得分	0.67	0.71	0.29	0.70	0.63	0.53
级别	较强	较强	弱	较强	较强	一般

分析表 4.3-8 可知：

（1）气温在时间变异中的综合评价得分为 0.67，说明在时间变异中，大清河流域平原区气温表现为较强的时间变异；在空间变异中，气温的综合评价得分为 0.70，在空间变异中大清河流域平原区气温同样表现为较强的空间变异。

（2）蒸发量在时间和空间变异中的综合评价得分分别为 0.71 和 0.63，均表现出较强的时间变异。

（3）地下水埋深在时间变异上的综合评价得分为 0.29，在空间变异上的综合评价得分为 0.53，说明地下水埋深在时间变异中为弱变异，在空间变异中为较强的变异。分析其原因可知，在研究时段内大清河流域平原区地下水埋深整体呈下降趋势，甚至在有些站点出现水位上升的趋势，但是整体上时间变异不突出。而在空间上，因所处地理位置的不同以及受到不同人类活动的影响，不同站点地下水开采程度相差较大，特别是在满城站和顺平站，年均地下水水位达到 39m 和 30m，而在安新站年均地下水位为 9.6m。因此在空间上大清河流域平原区地下水埋深变异强度较大。

4.3.4.3 水文气象要素时空变异综合评价

在计算出时间变异和空间变异程度的基础上对水文气象要素整体时空变异强度进行评价，评价结果见表 4.3-9。

表 4.3-9　　　　　水文气象要素时空变异综合评价

时　空　变　异			
要素	气温	蒸发量	地下水埋深
得分	0.69	0.67	0.41
级别	较强	较强	一般

分析表 4.3-9 可知：

（1）大清河流域平原区气温的时空变异综合评价得分为 0.69，为较强程度的时空变异。

（2）大清河流域平原区蒸发量的时空变异综合评价得分为 0.67，为较强程度的时空变异。

（3）大清河流域平原区地下水埋深的时空变异综合评价得分为 0.41，为一般程度的时空变异。

第 5 章

降雨-径流丰枯演化特征

5.1 研究内容与方法

结合研究区的降雨、径流统计规律及其演变特征，探究降雨-径流关系中的丰枯演化特点，主要针对大清河流域山区内河道水量仍保持连续变化的三大子流域进行丰枯遭遇概率及丰枯状态转移概率的系统研究。大清河三个子流域分布位置如图 5.1-1 所示。

图 5.1-1　大清河三个子流域分布位置图

构建基于 Copula 函数的降雨-径流联合分布模型与基于 Markov 链理论的降雨-径流组合状态转移概率矩阵，探讨分析降雨-径流关系的丰枯演化特点。

5.1.1　Copula 函数

降雨-径流联合分布模型采用 Copula 函数进行描述。Copula 函数是定义域为［0，1］上均匀分布的多维联合分布函数。将其分解为边缘分布函数和 Copula 链接函数，如果边缘分布函数连续，则存在唯一的 Copula 函数满足：

$$H(x,y)=C[F_1(x),F_2(y)] \tag{5.1-1}$$

式中：$F_1(x)$、$F_2(y)$ 为 $H(x,y)$ 的边缘分布函数；C 为二维 Copula 函数。

边缘分布函数主要考虑广义极值、韦伯、正态分布三种类型，经 K-S 检验最终合理优选[164-165]。K-S 检验方法如下：

$$F_n(x)=\frac{1}{n}\sum_{i=1}^{n}I_{[-inf,x]}(X_i) \tag{5.1-2}$$

式中：$I_{[-inf,x]}(X_i)$ 为指示函数，$I_{[-inf,x]}(X_i)=\begin{cases}1,X_i\leqslant x \\ 0,X_i>x\end{cases}$。

对于一个样本集的累积分布函数 $F_n(x)$ 和一个假设的理论分布 $F(x)$，K-S 检验定义如下：

$$D_n=\sup_x|F_n(x)-F(x)| \tag{5.1-3}$$

式中：$\sup_x$ 为距离的上确界，当 n 趋于无穷小时 D_n 趋于 0。

采用赤池信息准则（AIC）和离差平方和最小准则（OLS）判断 Copula 链接函数的拟合度，AIC 表达式为

$$AIC=n\lg(RSS/n)+2m \tag{5.1-4}$$

式中：n 为样本个数；RSS 为残差平方和；m 为参数个数。

OLS 表达式为

$$OLS=\sqrt{\frac{1}{n}D_{i=1}^{n}(p_{ei}-p_i)^2} \tag{5.1-5}$$

式中：p_{ei} 为经验频率；p_i 为理论频率；i 为数据序号。

5.1.2　Markov 链

Markov 链是具备一定时空特征的无记忆随机过程，时刻 $t(t>t_k)$ 状态仅与其在 t_k 时刻状态有关，其一维变量表达式为[166]

$$P(X_{t+k}=i_{t+k}|X_t=i_t,X_{t-1}=i_{t-1},\cdots,X_1=i_1)=P(X_{t+k}=i_{t+k}|X_t=i_t) \tag{5.1-6}$$

若 X_t、Y_t 为两组水文气象因素的时间序列，二维变量表达式为

$$P(X_{t+k}=i_{t+k} \mid X_t=i_t, X_{t-1}=i_{t-1}, \cdots, X_1=i_1, Y_{t+k}=j_{t+k} \mid Y_t=j_t,$$
$$Y_{t-1}=j_{t-1}, \cdots, Y_1=j_1,)=P(X_{t+k}=i_{t+k} \mid X_t=i_t, Y_{t+k}=j_{t+k} \mid Y_t=j_t)$$

$$(5.1-7)$$

当 $k=1$ 时为一步转移概率，则一步状态转移概率矩阵为

$$\boldsymbol{P}=\begin{bmatrix} p_{11} & p_{12} & \cdots & p_{1n} \\ p_{21} & p_{22} & \cdots & p_{2n} \\ \vdots & \vdots & & \vdots \\ p_{n1} & p_{n2} & \cdots & p_{nn} \end{bmatrix} \qquad (5.1-8)$$

其中 $0 \leqslant p_{ij} \leqslant 1$；$\sum_{j=1}^{n} p_{ij}=1$；$i,j=1,2,\cdots,n$。

有限状态的 Markov 过程随时间发展逐步平稳，最终形成极限概率，计算公式为

$$P=\lim_{m \to \infty} [\boldsymbol{P}(1)]^m \qquad (5.1-9)$$

式中：$\boldsymbol{P}(1)$ 为一步状态转移概率矩阵。

5.2 降雨-径流丰枯演化

5.2.1 降雨-径流关系突变点

采用累积距平曲线和 Mann-Kendall 突变检验法初步判断阜平、倒马关、中唐梅和紫荆关各水文站的径流突变点，见表 5.2-1。其中阜平站径流累积距平曲线及 Mann-Kendall 突变曲线如图 5.2-1 和 5.2-2 所示。依据表 5.2-1 中各站全序列累积距平曲线及 Mann-Kendall 突变检验结果，判断 1980 年为大清河流域山区径流时序演变的第一个拐点，与前文中关于各站径流周期分解变量图及其趋势项结果相同。崔豪等[167]以 1981—2015 年倒马关站及紫荆关站的径流序列为基础进行 Mann-Kendall 突变分析，确定了 1998 年为另一演变拐点，进一步结合相关文献研究及前文中分解尺度的剖析结果，将 2000 年作为大清河流域山区演变的另一拐点。降雨-径流关系的突变主要体现在径流上，径流演变的时间拐点确定为 1980 年和 2000 年，从分解尺度剖析、方法的验证及相关文献研究层面来看均具有相似性，故结果具有一定可靠性。

表 5.2 - 1　　　　　　　　　　水文站点径流突变点分析

水文站点	累积距平曲线	Mann - Kendall 突变检验法
阜平	1979 年	1979 年
中唐梅	1979 年	1981 年
倒马关	1980 年	1980 年
紫荆关	1979 年	1981 年

图 5.2 - 1　阜平站径流累积距平曲线

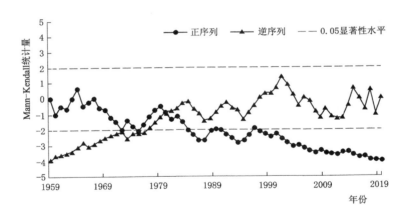

图 5.2 - 2　阜平站径流 Mann - Kendall 突变曲线

5.2.2　丰枯遭遇概率分析

5.2.2.1　优选边缘分布

经 K - S 检验确定研究区内各子流域降雨序列 P 与径流序列 R 所适合的边缘分布，其检验结果见表 5.2 - 2～表 5.2 - 4。其中用 $F_1(X)$、$F_2(Y)$ 表示降雨序列及径流序列的边缘分布，除西大洋水库以上流域降雨序列最优边缘分布为正态分布外，其余子流域降雨、径流序列的最优边缘分布皆为广义极值分布。

表 5.2-2 王快水库以上流域降雨、径流序列的边缘分布及其表达式

变 量	分 布	h 检验量	p 检验量
降雨序列 P	广义极值分布*	0	0.94
	韦伯分布	0	0.63
	正态分布	0	0.80
	$F_1(X) = \exp\left\{-\left[1 - \dfrac{0.09041}{149.8396}(X - 519.8909)\right]^{\frac{1}{0.09041}}\right\}$		
径流序列 R	广义极值分布*	0	0.98
	韦伯分布	0	0.32
	正态分布	1	
	$F_2(Y) = \exp\left\{-\left[1 + \dfrac{0.595901}{0.863371}(Y - 1.218358)\right]^{\frac{-1}{0.595901}}\right\}$		

* 表示此降雨或径流序列选择的最优边缘分布类型。

表 5.2-3 西大洋水库以上流域降雨、径流序列的边缘分布及其表达式

变 量	分 布	h 检验量	p 检验量
降雨序列 P	广义极值分布	0	0.75
	韦伯分布	0	0.73
	正态分布*	0	0.86
	$F_1(X) = \dfrac{1}{\sqrt{2\pi} \times 94.9476} \exp\left\{-\left[-\dfrac{(X - 417.5927)^2}{2 \times 94.9476^2}\right]\right\}$		
径流序列 R	广义极值分布*	0	0.84
	韦伯分布	0	0.53
	正态分布	0	0.06
	$F_2(Y) = \exp\left\{-\left[1 + \dfrac{0.50009}{0.89258}(Y - 1.51006)\right]^{\frac{-1}{0.50009}}\right\}$		

* 表示此降雨或径流序列选择的最优边缘分布类型。

表 5.2-4 紫荆关水文站以上流域降雨、径流序列的边缘分布及其表达式

变 量	分 布	h 检验量	p 检验量
降雨序列 P	广义极值分布*	0	0.81
	韦伯分布	0	0.41
	正态分布	0	0.69
	$F_1(X) = \exp\left\{-\left[1 - \dfrac{0.19527}{108.0042}(X - 484.6475)\right]^{\frac{1}{0.19527}}\right\}$		

续表

变　量	分　布	h 检验量	p 检验量
	广义极值分布*	0	0.98
	韦伯分布	0	0.28
径流序列 R	正态分布	1	
	$F_2(Y)=\exp\left\{-\left[1+\dfrac{0.211197}{0.785909}(Y-1.437465)\right]^{\frac{-1}{0.211197}}\right\}$		

* 表示此降雨或径流序列选择的最优边缘分布类型。

5.2.2.2　Copula 函数的选取

主要选取 Archimedean Copula 链接函数中的 Clayton 函数、Frank 函数及 Gumbel 函数为备选函数类型，其中 Clayton 函数表达式为

$$C(F_1(X),F_2(Y))=\left[F_1(X)^{-\theta}+F_2(Y)^{-\theta}-1\right]^{-1/\theta} \quad (5.2-1)$$

Frank 函数的表达式为

$$C(F_1(X),F_2(Y))=-\frac{1}{\theta}\left[1+\frac{(e^{-\theta F_1(X)}-1)(e^{-\theta F_2(Y)}-1)}{e^{-\theta}-1}\right] \quad (5.2-2)$$

Gumbel 函数的表达式为

$$C(F_1(X),F_2(Y))=\exp\{-\{[-\ln F_1(X)]^{\theta}+[-\ln F_2(Y)]^{\theta}\}^{1/\theta}\} \quad (5.2-3)$$

采用 AIC 和 OLS 选取拟合优度最高的函数类型，结果见表 5.2-5，其中"*"表示最优 Copula 类型。三组子流域 Archimedean Copula 类型散点拟合图如图 5.2-3 所示。

表 5.2-5　　子流域 Copula 类型及其表达式

研　究　区	Copula 类型	评判准则 AIC	评判准则 OLS
王快水库以上流域	Frank	−388.81	0.029
	Clayton	−359.31	0.037
	Gumbel*	−405.89	0.025
西大洋水库以上流域	Frank	−396.34	0.027
	Clayton	−396.17	0.027
	Gumbel*	−400.56	0.026
紫荆关水文站以上流域	Frank	−365.19	0.040
	Clayton	−345.36	0.048
	Gumbel*	−376.55	0.036

5.2.2.3　Copula 丰枯遭遇概率分析

以各子流域降雨、径流序列 37.5% 和 62.5% 发生频率对应的设计值作为丰枯演化的阈值，P-Ⅲ曲线计算结果见表 5.2-6，其中降雨序列 P 的单位为 mm，径流序列 R 的单位为亿 m³。

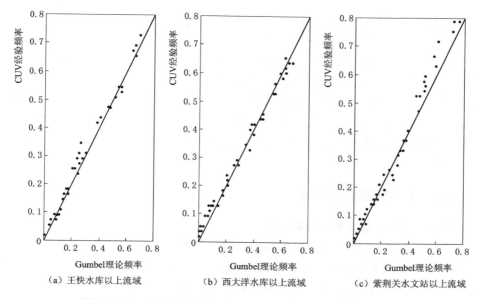

图 5.2-3　三组子流域 Archimedean Copula 类型散点拟合图

表 5.2-6　　　　　　　　　　　子流域丰枯演化阈值

设计频率	王快水库以上流域		西大洋水库以上流域		紫荆关水文站以上流域	
	P/mm	R/亿 m³	P/mm	R/亿 m³	P/mm	R/亿 m³
37.5%	626.483	2.187	441.102	2.494	557.853	2.027
62.5%	518.299	1.23	381.195	1.496	484.871	1.369

计算各子流域降雨序列 P 与径流序列 R 的丰枯遭遇概率，结果见表 5.2-7。

表 5.2-7　　　　　　　　　　　子流域丰枯遭遇概率

类型		王快水库以上流域		西大洋水库以上流域		紫荆关水文站以上流域	
		概率/%	合计概率/%	概率/%	合计概率/%	概率/%	合计概率/%
丰枯同步	PR 同丰	26.1		22.9		27.0	
	PR 同平	10.7	61.9	9.1	52.3	9.4	58.7
	PR 同枯	25.1		20.3		22.3	
丰枯异步	P 丰 R 平	5.1		4.5		8.6	
	P 丰 R 枯	3.3		6.7		3.6	
	P 平 R 丰	9.5	38.1	12.6	47.7	6.8	41.3
	P 平 R 枯	8.8		9.2		7.7	
	P 枯 R 丰	2.5		4.7		4.5	
	P 枯 R 平	8.8		10.0		10.1	

由表5.2-7可以看出王快水库以上流域降雨径流同步性较好，概率为61.9%，紫荆关以上流域次之，西大洋水库以上流域同步性最差，概率仅为52.3%，且三组子流域内降雨径流同丰、同枯所发生的概率均大于50%。通常情况下降雨、径流序列二者同步概率越高，降雨-径流关系改变程度就越低，同样意味着径流受人类活动等其他因素影响改变的程度也就越低。为此初步判断三组子流域内受人类活动等其他因素影响的程度由高至低的排序应为西大洋水库以上流域、紫荆关水文站以上流域、王快水库以上流域。

5.2.3　状态转移概率分析

5.2.3.1　降雨径流丰枯遭遇转移概率

为充分了解三组子流域降雨-径流关系演变特点，构建各子流域降雨径流二维组合状态转移概率矩阵，探究组合状态同步特点及异步变化，其中降雨序列P与径流序列R的丰枯状况可分以下九种形式，见表5.2-8。

表5.2-8　　　　　降雨径流丰枯遭遇组合情况

丰枯遭遇情况		简　　　称
丰枯同步	PR同丰	丰-丰
	PR同平	平-平
	PR同枯	枯-枯
丰枯异步	P丰R平	丰-平
	P丰R枯	丰-枯
	P平R丰	平-丰
	P平R枯	平-枯
	P枯R丰	枯-丰
	P枯R平	枯-平

通过式（5.7）和式（5.8）计算得到三组子流域降雨径流组合状态转移概率矩阵，见表5.2-9~表5.2-11。

表5.2-9　　　王快水库以上流域降雨径流组合状态转移概率矩阵

(P, R)	丰-丰	丰-平	丰-枯	平-丰	平-平	平-枯	枯-丰	枯-平	枯-枯
丰-丰	0.38	0.06	0.00	0.00	0.00	0.00	0.06	0.25	0.25
丰-平	0.20	0.00	0.00	0.00	0.00	0.20	0.00	0.20	0.40
丰-枯	0.00	1.00	0.00	0.00	0.00	0.00	0.00	0.00	0.00

续表

(P，R)	丰-丰	丰-平	丰-枯	平-丰	平-平	平-枯	枯-丰	枯-平	枯-枯
平-丰	0.67	0.00	0.00	0.00	0.00	0.00	0.00	0.00	0.33
平-平	1.00	0.00	0.00	0.00	0.00	0.00	0.00	0.00	0.00
平-枯	0.00	0.20	0.40	0.00	0.00	0.20	0.00	0.00	0.20
枯-丰	1.00	0.00	0.00	0.00	0.00	0.00	0.00	0.00	0.00
枯-平	0.43	0.00	0.00	0.14	0.00	0.00	0.00	0.29	0.14
枯-枯	0.08	0.00	0.08	0.15	0.08	0.23	0.00	0.08	0.31

表 5.2-10 西大洋水库以上流域降雨径流组合状态转移概率矩阵

(P，R)	丰-丰	丰-平	丰-枯	平-丰	平-平	平-枯	枯-丰	枯-平	枯-枯
丰-丰	0.36	0.00	0.07	0.14	0.07	0.00	0.14	0.14	0.07
丰-平	0.17	0.17	0.00	0.17	0.00	0.17	0.00	0.17	0.17
丰-枯	0.00	0.50	0.00	0.00	0.00	0.00	0.00	0.00	0.50
平-丰	0.40	0.00	0.00	0.20	0.00	0.00	0.40	0.00	0.00
平-平	0.00	0.00	0.00	0.00	0.00	0.00	0.00	0.50	0.50
平-枯	0.00	0.40	0.20	0.00	0.00	0.20	0.00	0.00	0.20
枯-丰	0.50	0.00	0.00	0.00	0.00	0.00	0.00	0.00	0.50
枯-平	0.29	0.14	0.00	0.00	0.00	0.29	0.00	0.14	0.14
枯-枯	0.22	0.00	0.22	0.11	0.11	0.22	0.00	0.00	0.11

表 5.2-11 紫荆关水文站以上流域降雨径流组合状态转移概率矩阵

(P，R)	丰-丰	丰-平	丰-枯	平-丰	平-平	平-枯	枯-丰	枯-平	枯-枯
丰-丰	0.36	0.00	0.00	0.14	0.14	0.07	0.14	0.14	0.00
丰-平	0.50	0.00	0.00	0.00	0.00	0.00	0.00	0.25	0.25
丰-枯	0.00	0.00	0.00	0.00	0.00	0.00	0.00	0.00	1.00
平-丰	0.25	0.00	0.00	0.00	0.50	0.00	0.00	0.25	0.00
平-平	0.20	0.20	0.00	0.00	0.10	0.00	0.00	0.20	0.30
平-枯	0.00	0.67	0.00	0.00	0.00	0.33	0.00	0.00	0.00
枯-丰	1.00	0.00	0.00	0.00	0.00	0.00	0.00	0.00	0.00
枯-平	0.00	0.00	0.00	0.14	0.43	0.00	0.00	0.14	0.29
枯-枯	0.09	0.00	0.09	0.09	0.18	0.18	0.00	0.00	0.36

由表 5.2 - 9～表 5.2 - 11 可以看出，在历史序列演变过程中，三组子流域降雨径流丰-丰状态的演变保守性都相对较高，且除西大洋水库以上流域外的其余两子流域枯-枯状态保守性同样较高。由前文的基础演变特征可以看出大清河流域山区降雨量整体未发生显著变化，但是径流量明显减少，为此在异步状态的变化主要考虑平-枯、丰-枯、丰-平状态自保守性及其转入状态的变化，其中三组子流域平-枯状态均具有一定自保守性，说明在过去发生时间内，降雨维持平水状态且径流维持枯水状态的现象时有发生；丰-枯状态未存在转入丰-丰状态的情况，丰-平状态转入丰-丰状态的概率较低，说明当降雨维持丰水的连续状态时，径流转入丰水状态的概率较低。由于径流较差状态具有一定自保守性，且更易转入更差状态，而降雨状态变化不明显，造成了现阶段大清河流域山区降雨量变化不显著，径流量显著下降的现象。

5.2.3.2　降雨径流组合状态极限概率及其平均重现期

依据各子流域历史序列 Markov 降雨径流组合状态转移概率矩阵，计算各子流域长期演化后维持稳定的极限概率及平均重现期（表 5.2 - 12～表 5.2 - 14）。

表 5.2 - 12　　王快水库以上流域降雨径流组合状态极限概率及其平均重现期

(P, R)	丰-丰	平-丰	枯-丰	枯-平	平-平	丰-平	丰-枯	平-枯	枯-枯
概率/%	14.93	5.81	23.9	1.84	5.5	1.75	9.17	9.09	28.02
重现期/a	6.7	17.21	4.18	54.35	18.18	57.14	10.91	11	3.57

表 5.2 - 13　　西大洋水库以上流域降雨径流组合状态极限概率及其平均重现期

(P, R)	丰-丰	平-丰	枯-丰	枯-平	平-平	丰-平	丰-枯	平-枯	枯-枯
概率/%	22.78	9.02	3.25	12.47	3.51	12.44	7.75	11.76	16.98
重现期/a	4.39	11.09	30.77	8.02	28.49	8.04	12.9	8.5	5.89

表 5.2 - 14　　紫荆关水文站以上流域降雨径流组合状态极限概率及其平均重现期

(P, R)	丰-丰	平-丰	枯-丰	枯-平	平-平	丰-平	丰-枯	平-枯	枯-枯
概率/%	22.58	6.79	3.23	12.29	17.23	8.67	1.81	7.84	19.89
重现期/a	8.16	14.77	5.04	5.82	55.56	31.15	12.79	11.56	4.44

若将同频降雨产生同频径流的状态称为自然状态，也即同步状态中的丰-丰、平-平、枯-枯三种状态，则由表 5.2 - 12～表 5.2 - 14 可知，较其余两子流域，西大洋水库以上流域的自然状态发生概率最低，即西大洋水库长期演化后自然状态更不易发生。长期演化后三组子流域降雨径流同步状态中同平状态平均重现期最长，王快水库以上流域及紫荆关以上流域则常出现降雨维

持枯水、径流同样维持枯水的状态，而西大洋水库以上流域同丰同枯状态平均重现期相差不大，以常出现同丰状态为主。

将异步状态中表征降雨维持较差状态、径流维持相对较好状态的类型称为异步中整体向好的状态，也即异步状态中的平-丰、枯-丰、枯-平三种，反之将丰-平、丰-枯、平-枯三种状态作为异步状态中整体向差的状态。由极限概率及平均重现期可以看出，随着时间长期演化，王快水库以上流域及紫荆关以上流域整体向好状态的平均重现期更短且更易出现，而西大洋水库以上流域则表现为整体向差状态的平均重现期更短。

第 6 章

降雨-径流关系非一致性

6.1 研究内容与方法

选取沙河入库控制站阜平站（1959—2019 年）、唐河入库控制站中唐梅站（1959—2019 年）及拒马河控制站紫荆关站（1959—2019 年）为主要研究目标，判断大清河流域山区三大水库主要入库河流或所引河流降雨-径流关系的非一致性特点，进一步以阜平站为例利用河流生态径流指标来分析生态径流与汛期、非汛期降雨的关系变化。

本书主要针对降雨-径流关系的非一致性特点及其时间上驱动因素的影响进行分析，主要包括两方面：一是非一致性模型的构建，依据 GAMLSS(generalized additive models of location，scale and shape，引入位置、尺度、形状参数的广义可加模型）模型[168-173] 构建考虑不同协变量的非一致性模型，分析大清河流域山区上游主要河流入库控制站的径流非一致性特点，并以阜平站为例结合流量历时曲线研究生态径流与汛期、非汛期降雨的相关关系及非一致性特点；二是驱动因素影响分析，降雨-径流关系驱动因素的影响最为直观的表现是对径流贡献度的变化，采用 Pearson 相关系数合理分析与降雨因素相关的各气象因素的影响，进一步采用累积量斜率变化率比较法计算分析气候变化及人类活动对径流的影响及相关原因。

6.1.1 GAMLSS 模型

GAMLSS 模型是由 Rigby 于 2005 年提出的参数回归模型，可依据引入的半参数或非参数项、随机项，建立被解释变量统计参数与解释变量间的关系。假设独立随机变量第 i 时刻观测值的概率密度函数为 $f(y_i \mid \theta^i)$，其中 θ^i 可通过被解释变量的位置参数（均值 μ）、尺度参数

（均方差 σ）及形状参数（偏度系数 ν、峰度系数 τ）等反映，$\theta^i = (\theta_1^i, \theta_2^i, \theta_3^i, \theta_4^i) = (\mu^i, \sigma^i, \nu^i, \tau^i)$，即

$$g_k(\theta_k) = \eta_k = \boldsymbol{X}_k \boldsymbol{\beta}_k + \sum_{j=1}^{J_k} Z_{jk} \boldsymbol{\gamma}_{jk} \qquad (6.1-1)$$

$$\boldsymbol{X}_k = \begin{bmatrix} 1 & t & \cdots & t^{I_k-1} \\ 1 & t & \cdots & t^{I_k-1} \\ \vdots & \vdots & \vdots & \vdots \\ 1 & t & \cdots & t^{I_k-1} \end{bmatrix}_{n \times I_k} \qquad (6.1-2)$$

式中：η_k 为 k 时刻观测值；$g(\quad)$ 为单调可微的链接函数，表示统计参数 θ_k 与解释变量 $\boldsymbol{X}_k$ 间的关系，其中 $\boldsymbol{\theta}_k^{\mathrm{T}} = (\theta_k^1, \theta_k^2, \cdots, \theta_k^n)$；$\boldsymbol{\beta}_k^{\mathrm{T}} = (\beta_{1k}, \beta_{2k}, \cdots, \beta_{j_kk})$ 为 j_k 维回归参数向量，如果不考虑随机项影响，则 $g_k(\theta_k) = \eta_k = \boldsymbol{X}_k \boldsymbol{\beta}_k$。

为此考虑位置参数（均值 μ）、尺度参数（均方差 σ），以时间 t 为解释变量，其不考虑随机项的全参数模型为

$$g_1(\boldsymbol{\mu}) = \eta_1 = X_1 \beta_1, \quad g_2(\boldsymbol{\sigma}) = \eta_2 = X_2 \beta_2 \qquad (6.1-3)$$

式中：$\boldsymbol{\mu}$、$\boldsymbol{\sigma}$ 均为 n 维向量，体现了非平稳序列统计参数随时间的变化特点。

模型构建思路如下：

（1）基于 R Studio 平台提供的 GAMLSS 包，初步选取 Gamma 分布、Log Normal 分布、Gumbel 分布、Weibull 分布及 Normal 分布作为备选分布。

（2）依据 AIC 优选最优概率分布，其中构建以时间为协变量的模型时考虑均值 μ 及均方差 σ 两参数随时间平稳变化（s）、线性变化（l）及抛物线性（p）变化的三种变化特点。

（3）构建不考虑随机项的均值和均方差两参数模型，剖析降雨-径流关系的非一致性变化。

6.1.2 Pearson 相关系数

采用 Pearson 相关系数判断降雨和其驱动因素的相关关系，其中 Pearson 相关系数绝对值越大，越接近 1，相关性越强，反之则越弱[174]。Pearson 相关系数的计算公式为

$$r = \frac{N \sum x_i y_i - \sum x_i \sum y_i}{\sqrt{N \sum x_i^2 - (\sum x_i)^2} \sqrt{N \sum y_i^2 - (\sum y_i)^2}} \qquad (6.1-4)$$

式中：N 为样本个数；x_i、y_i 为两组同系列长度样本对应样本量。

6.2　非一致性分析

6.2.1　基于 GAMLSS 模型的山区径流非一致性分析

依据 GAMLSS 模型，以时间为解释变量，构造基于备选分布及时变特点的径流单一变量的非一致性模型，其中经 AIC 判断各控制站径流最优备选分布及模型参数最优时变特点见表 6.2-1，表中"＊"表示各控制站 AIC 的最小值。

表 6.2-1　　　　　　　　备选概率分布及时变特点优选

控制站	参　　数	不同概率分布不同时变特点 AIC 优选				
		Gamma	Log Normal	Gumbel	Weibull	Normal
阜平	μ_{-s}，σ_{-s}	211.57	202.55	291.65	214.31	257.17
	μ_{-1}，σ_{-s}	191.82	188.88	268.13	195.24	244.39
	μ_{-p}，σ_{-s}	193.81	190.12	269.10	196.99	245.32
	μ_{-s}，σ_{-1}	212.72	198.27	272.28	213.19	235.28
	μ_{-1}，σ_{-1}	191.28	186.58	253.44	195.94	223.42
	μ_{-p}，σ_{-1}	193.23	188.03	254.90	197.28	224.95
	μ_{-s}，σ_{-p}	214.64	199.48	269.14	215.14	233.17
	μ_{-1}，σ_{-p}	186.42	182.55＊	243.83	190.91	218.16
	μ_{-p}，σ_{-p}	188.40	183.51	244.93	192.77	218.75
中唐梅	μ_{-s}，σ_{-s}	208.82	200.80	285.03	214.00	246.79
	μ_{-1}，σ_{-s}	185.18	181.39＊	256.10	190.55	230.93
	μ_{-p}，σ_{-s}	186.77	182.08	253.58	192.50	230.29
	μ_{-s}，σ_{-1}	209.86	199.27	253.53	211.61	221.59
	μ_{-1}，σ_{-1}	186.27	182.20	234.49	191.87	209.62
	μ_{-p}，σ_{-1}	187.94	182.95	236.40	193.87	209.87
	μ_{-s}，σ_{-p}	210.84	201.25	254.25	213.26	223.12
	μ_{-1}，σ_{-p}	186.14	182.53	234.02	191.71	210.73
	μ_{-p}，σ_{-p}	186.95	181.75	234.21	192.68	209.81

控制站	参 数	不同概率分布不同时变特点 AIC 优选				
		Gamma	Log Normal	Gumbel	Weibull	Normal
紫荆关	μ_{-s}, σ_{-s}	192.53	186.48	268.47	198.80	227.57
	μ_{-l}, σ_{-s}	160.07	161.38	229.40	164.96	204.74
	μ_{-p}, σ_{-s}	161.58	162.85	219.69	166.52	201.00
	μ_{-s}, σ_{-l}	192.89	185.10	227.83	193.78	198.50
	μ_{-l}, σ_{-l}	160.27	159.98*	207.17	166.66	177.25
	μ_{-p}, σ_{-l}	162.18	161.97	208.18	168.40	178.42
	μ_{-s}, σ_{-p}	184.32	180.34	222.79	187.08	195.41
	μ_{-l}, σ_{-p}	162.26	161.94	208.72	168.65	178.50
	μ_{-p}, σ_{-p}	164.12	163.89	210.17	170.34	180.14

　　各控制站采用不同概率分布比较时，Gamma 分布、Log Normal 分布与 Weibull 分布的 AIC 值相近且较低，其中 Gumbel 分布效果最差；在参数不同时间趋势模型比较时，均值的变化更多是随时间呈线性和抛物线性变化，不受概率分布模型影响，是影响模型 AIC 值的主要因素；而均方差的影响并不显著，不是模型的敏感参数。3 个控制站的均值参数均随时间呈线性变化，且 Log Normal 概率分布的 AIC 值最小。

　　各控制站最优拟合分布的残差分布矩阵及 Filliben 相关系数见表 6.2 - 2，残差散点图、概率密度分布、Q-Q 拟合图及其参数时变曲线如图 6.2 - 1 所示。由表 6.2 - 2 中拟合残差的 Filliben 相关系数可以看出各控制站年径流序列较符合所选分布模型，其中中唐梅站最优。由图 6.2 - 1 可以明显看出阜平站和中唐梅站的拟合值散点离散且基本位于 0.05% 概率范围内，即 -2~2 之间；紫荆关站模型相对较好，拟合值除一组数据偏差较大外，其余基本位于 -2~2 之间。最优分布的 Q-Q 拟合图可直观看出序列仅少量残差点偏离理论曲线，绝大多数均在曲线附近，表明各控制站残差能较好服从正态分布。3 个控制站的方差均接近 1，以偏态系数接近 0、峰度系数接近 3 的条件来看，中唐梅站以时间为协变量的非一致性模型残差分布更优。

表 6.2 - 2　　　　最优拟合分布的残差分布矩阵及 Filliben 相关系数

控制站	最优分布	均值	方差	偏态系数	峰度系数	Filliben 相关系数
阜平	Log Normal	−0.012	1.010	0.626	2.459	0.971
中唐梅	Log Normal	0	1.018	0.154	2.579	0.988
紫荆关	Log Normal	0	1.017	−0.189	3.991	0.983

构建各控制站径流序列分位数曲线图（图 6.2 - 2），图中散点为各控制站径流数据。实测水文序列散点的点距较分散，有明显的带宽现象，且由于水文序列的非平稳性特征，在不同时期不同频率下的年径流波动变化较大。

各控制站分位数频率统计见表 6.2 - 3。由表 6.2 - 3 可以明显看出，3 个控制站径流在不同频率下随着时间的变化均呈现不同程度的下降趋势。分位数频率与传统的一致性前提下的洪水事件发生概率相当，但数值上并不完全相等。以 99.9% 分位数为例，其频率相当于发生频率为 0.1% 的洪水。

表 6.2 - 3　　　　　　　各控制站分位数频率统计

控制站	年份	分 位 数 频 率						
		99.9%	99%	95%	75%	50%	25%	5%
阜平	1970	18.05	12.74	8.91	4.84	2.88	1.55	0.50
	1980	15.16	10.47	7.13	3.66	2.05	1.01	0.27
	1990	10.17	7.18	5.01	2.71	1.61	0.86	0.28
	2000	5.61	4.19	3.14	1.95	1.33	0.86	0.40
	2010	2.76	2.25	1.84	1.35	1.07	0.83	0.55
	2019	1.47	1.15	1.08	0.98	0.87	0.77	0.66
中唐梅	1970	16.89	10.99	7.49	4.33	2.96	2.03	1.17
	1980	13.41	8.72	5.94	3.44	2.35	1.61	0.93
	1990	10.64	6.92	4.72	2.73	1.87	1.28	0.74
	2000	8.45	5.49	3.74	2.17	1.48	1.01	0.59
	2010	6.70	4.36	2.97	1.72	1.18	0.80	0.47
	2019	5.73	2.55	2.08	1.48	1.02	0.70	0.40
紫荆关	1970	14.08	6.02	4.86	3.40	2.29	1.54	0.87
	1980	9.38	4.44	3.68	2.68	1.89	1.33	0.81
	1990	6.41	3.32	2.81	2.13	1.56	1.15	0.74
	2000	4.48	2.51	2.17	1.70	1.29	0.99	0.67
	2010	3.20	1.92	1.68	1.36	1.07	0.84	0.60
	2019	2.39	1.52	1.35	1.12	0.90	0.73	0.54

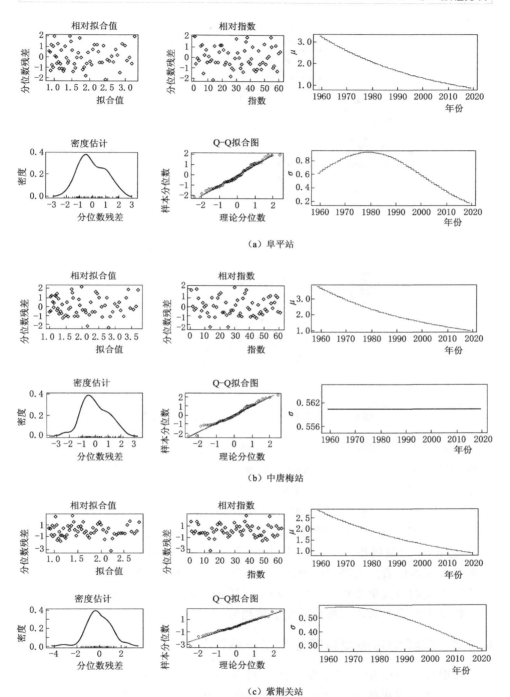

（a）阜平站

（b）中唐梅站

（c）紫荆关站

图 6.2－1　残差散点图、概率密度分布、Q-Q拟合图及其参数时变曲线

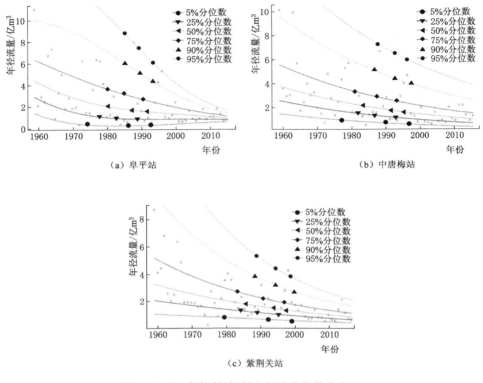

图 6.2-2　各控制站时间-径流分位数曲线图

　　由此可见，阜平站 1980 年 20 年一遇丰水期的水量约为 7.13 亿 m³，该量级相当于 1990 年 100 年一遇的丰水量级，1970 年 50% 的发生频率下的径流量约为 2.88 亿 m³，该量级约为 2010 年 1000 年一遇的丰水量级；中唐梅站 1970 年 100 年一遇丰水期的水量约为 10.99 亿 m³，该量级相当于 1990 年 1000 年一遇的丰水量级；紫荆关站 1980 年 100 年一遇丰水期的水量约为 6.58 亿 m³，该量级相当于 1990 年 1000 年一遇的丰水量级。由径流散点与分位数曲线图可以看出大部分散点均位于 5%～95% 分位数曲线之间，表明以时间为协变量的径流单变量非一致性模型可以很好地描述径流的非一致性变化，其中模型主要受参数均值影响并呈下降趋势。

6.2.2　以降雨为协变量的径流非一致性分析

　　以时间为协变量的径流非一致性模型更多地体现序列整体呈现的变化趋势，但径流变化的实际情况并非以某种较为连续、光滑的趋势明显变化。受气象等其他因素的影响，径流年际间的变化也应呈现波动特点，为研究降雨-径流关系的非一致性，本书进一步构建了以降雨为协变量的径流非一致性GAMLSS模型。同样选取与时间为协变量模型相同的五组备选分布，经AIC判断各控制站径流最优备选分布（表6.2-4）。

表6.2-4 备选概率分布的优选

控 制 站	不同概率分布 AIC 优选				
	Gamma	Log Normal	Gumbel	Weibull	Normal
阜平	148.05*	149.09	188.16	150.66	167.20
中唐梅	184.25	179.30*	244.94	190.80	211.01
紫荆关	136.75*	136.75	175.23	140.00	153.67

* 表示各控制站 AIC 的最小值。

由表6.2-4可知各控制站在不同概率分布比较时，阜平站和紫荆关站径流序列的Gamma分布拟合效果最好，中唐梅站的Log Normal分布拟合效果最好。各控制站最优拟合分布的残差分布矩及Filliben相关系数见表6.2-5。

表6.2-5 最优拟合分布的残差分布矩及 Filliben 相关系数

控制站	最优分布	均 值	方 差	偏态系数	峰度系数	Filliben 相关系数
阜平	Gamma	−0.006	1.012	−0.002	2.204	0.990
中唐梅	Log Normal	0.000	1.019	0.240	2.560	0.994
紫荆关	Gamma	0.000	1.018	0.056	2.703	0.995

由表6.2-5中拟合残差的Filliben相关系数可以看出，以降雨为协变量的各控制站年径流序列模型较表6.2-2中的拟合程度更高，其中紫荆关站残差拟合效果最好。以降雨为协变量的各控制站模型残差拟合均值及方差均较为接近，以偏态系数接近0来看，阜平站残差拟合效果最好，而以峰度系数接近3的条件来看，紫荆关站残差拟合效果最好。

各控制站降雨-径流分位数曲线如图6.2-3所示，图中散点为各控制站径流数据。

如图6.2-3所示，各控制站仅展示5%、50%及95%分位数曲线，结合分位数曲线变化可以看出以降雨为协变量的所选最优分布分位数曲线图可以更好地描述各控制站径流序列在变化环境下的动态过程。与以时间为协变量的模型相比，该模型的拟合程度更好，能明显反映出研究河段的径流变化。其中3个控制站1980年前散点更多地位于50%~95%间，1980年后则与之相反，更多地位于5%~95%间，且中唐梅站1980年后高于50%分位数曲线的散点明显少于其余两站。

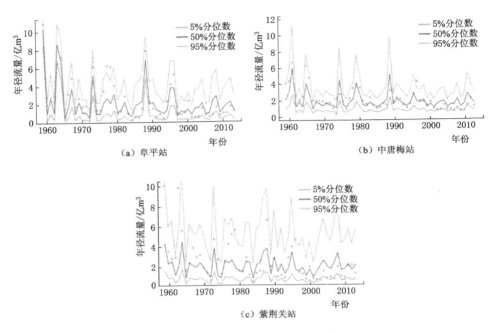

图 6.2-3　各控制站降雨-径流分位数曲线

以降雨为协变量的非一致性模型在 90％、95％及 99％分位数情况下的最大值、对应年份及分位数概率见表 6.2-6。

表 6.2-6　　各控制站对应的最大值、对应年份及分位数概率

控制站	最值情况	对应年份	分位数概率		
			90％	95％	99％
阜平	最大	1959	11.88	12.33	13.20
	最小	1984	1.27	1.44	1.81
中唐梅	最大	1959	9.17	11.25	16.50
	最小	1984	1.94	2.37	3.48
紫荆关	最大	1959	7.46	8.41	10.50
	最小	1972	1.62	1.96	2.79

由表 6.2-6 可知，各控制站分位数曲线最大值均发生于 1959 年，阜平站和中唐梅站最小值发生于 1984 年，紫荆关站最小值发生于 1972 年。模型90％、95％及 99％分位数曲线即对应前文中的 10 年一遇、20 年一遇、100 年一遇丰水，以降雨为协变量的模型可以更精确地判断不同概率情况下各控制

站径流的动态变化范围。以阜平站为例，年径流序列 10 年一遇、20 年一遇和 100 年一遇的丰水动态变化范围分别为 1.27 亿～11.88 亿 m³、1.44 亿～ 12.33 亿 m³ 和 1.81 亿～13.20 亿 m³。

6.2.3　以降雨为协变量的生态径流非一致性分析

为研究生态径流与汛期、非汛期降雨相关关系变化及非一致性特点，以降雨为协变量构建生态径流 GAMLSS 模型。

Vogel et al.[175-177] 于 2007 年以规定频率阈值对生态径流进行了合理评价，其中生态径流指标主要以构造年或月的流量历时曲线（flow duration curve，FDC），计算给定阈值范围内的时间历时百分比。将研究时段内的日径流数据 Q_i 由大至小排序，其对应概率 p_i 为

$$p_i = i/(n+1) \qquad (6.2-1)$$

式中：i 为日径流数据 Q_i 对应的秩次；n 为年时段序列总长度。

以年径流序列为研究目标，以 25% 和 75% 分位数划分阈值范围，将研究时段内频率低于 25% 的日径流和作为生态赤字流量，将研究时段内频率高于 75% 的日径流和作为生态剩余流量，将研究时段内频率为 25%～75% 的日径流和作为生态保护流量。

选择阜平站为研究目标，以第 5 章中研究确定的 1980 年和 2000 年作为径流演化的时间拐点，探究生态流量的变化及其影响。不同时段的年 FDC 散点图及叠加历年日实测流量序列与年径流序列的对比如图 6.2-4 所示。

由图 6.2-4 可以明显看出阜平站年径流的变化主要受历年低频高流量变化的影响。由生态赤字流量、生态保护流量及生态剩余流量 FDC 散点图可以看出，随着时间的变化高径流出现次数越来越少且量级越来越低。2000 年以后生态剩余径流的变化与 1980—2000 年间的变化较为相似，但未出现 1980—2000 年间实测日径流为 0 的状态，表明进入 2000 年以后人们对大清河流域山区河道流量的保护观念及措施有所提升。

阜平站 6—9 月的降雨量占全年降雨量的 80% 以上，将年内 6—9 月的降雨作为汛期降雨，其余月份的降雨作为非汛期降雨。其中，阜平站历年生态赤字流量的发生时间基本处于汛期 6—9 月，而生态保护及生态剩余流量的发生时间基本处于非汛期，由于生态剩余流量存在断流状态不利于模型构建，为此以汛期降雨为协变量构建生态赤字流量非一致性模型，以非汛期降雨为协变量构建生态保护流量非一致性模型，以协变量的名称简要区分两组模型。模型构建 AIC 结果见表 6.2-7，表中 "∗" 表示各控制站 AIC 最小值。

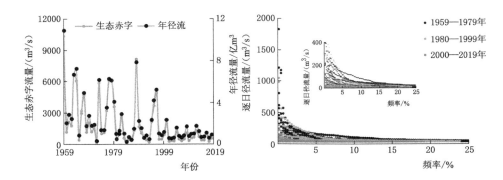

（a）生态赤字流量序列对比及其FDC曲线

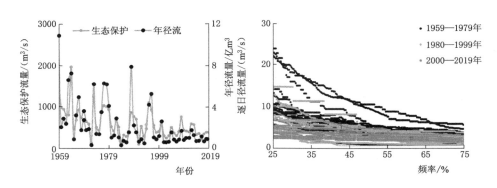

（b）生态保护流量序列对比及其FDC曲线

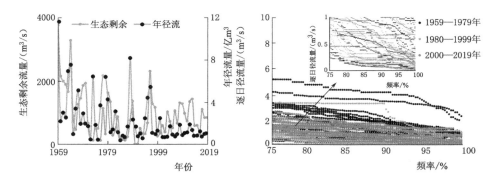

（c）生态剩余流量序列对比及其FDC曲线

图 6.2-4　阜平站生态流量 FDC 曲线及其序列变化图

表 6.2 - 7　　　　　　　　　　模 型 构 建 AIC 结 果

协 变 量	不 同 概 率 分 布				
	Gamma	Log Normal	Gumbel	Weibull	Normal
汛期降雨	887.93	886.09*	953.17	891.97	926.67
非汛期降雨	791.41*	795.31	830.45	793.22	804.23

以汛期降雨为协变量的阜平站生态赤字径流非一致性模型的最优备选分布为 Log Normal 分布，以非汛期降雨为协变量的阜平站生态保护径流非一致性模型的最优备选分布为 Gamma 分布。阜平站模型最优拟合分布的残差分布矩及 Filliben 相关系数见表 6.2 - 8，残差散点图、概率密度分布和 Q - Q 拟合图如图 6.2 - 5 所示。

表 6.2 - 8　　　最优拟合分布的残差分布矩及 Filliben 相关系数

协变量	最优分布	均 值	方 差	偏态系数	峰度系数	Filliben 相关系数
汛期降雨	Log Normal	-0.002	1.018	-0.006	2.161	0.994
非汛期降雨	Gamma	0.001	1.019	-0.100	3.336	0.988

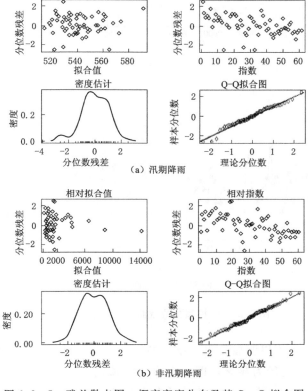

图 6.2 - 5　残差散点图、概率密度分布及其 Q - Q 拟合图

由图 6.2-5 可知，以汛期降雨为协变量构建的生态赤字径流非一致性模型残差正态分布特性更好。若以均值方差均接近 0 和 1、偏态系数接近 0 为条件，则以汛期降雨为协变量的生态赤字径流非一致性模型残差拟合程度更好；而若以峰度系数接近 3 为条件，则以非汛期降雨为协变量的生态保护径流非一致性模型残差拟合程度更好。

分别构建以汛期、非汛期降雨为协变量的生态径流非一致性模型，其分位数曲线及降雨序列变化如图 6.2-6 所示。

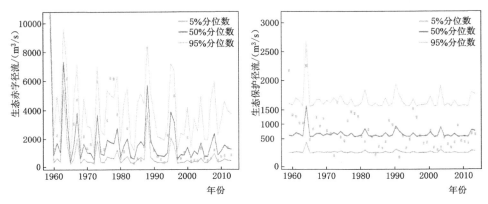

（a）分位数曲线

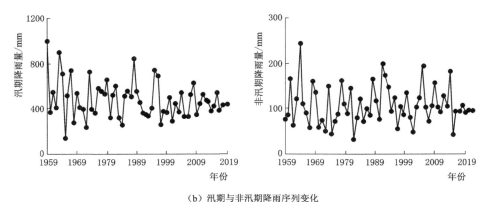

（b）汛期与非汛期降雨序列变化

图 6.2-6　模型分位数曲线及降雨序列变化

由图 6.2-6 可以明显看出，阜平站生态赤字径流 5%、95% 分位数曲线受汛期降雨影响均较为显著，即生态赤字径流的丰枯状态与汛期降雨变化的联系相对紧密，而生态保护径流分位数曲线变化基本一致，从侧面反映了生态保护径流在受非汛期降雨影响时更多地体现了一致性关系。进一步结合非汛期降雨量级可以看出生态保护径流在年降雨序列约为 200mm 时的变化明显，降雨量为 50～150mm 时的生态保护径流低分位数变化基本一致。

综上所述，研究区降雨-径流关系的变化趋势是由较大量级的暴雨洪水非一致性变化造成的，关于研究区变化环境下暴雨洪水的相关研究及修复治理工作可以有效改变径流锐减现象及现有降雨-径流关系；随时间的演变，河道生态保护流量受非汛期降雨的影响基本呈现一致性，非汛期降雨-径流关系的变化不明显。

6.3 驱动因素影响分析

6.3.1 气象驱动因素相关性分析

根据式（6.1-4）计算大清河流域不同区域气象因素间的相关系数，从而分析气象因素间的相关关系，计算结果见表 6.3-1 和表 6.3-2。由于资料限制，日照时数、风速序列资料时间长度仅为 2000—2013 年。

表 6.3-1　　　　　　　　研究区气象因素 Pearson 相关系数

研究区	统计项	Pearson 相关系数				
		降雨量	蒸发量	气温	日照时数	风速
西北部	降雨量	1.000	−0.302*	−0.123	−0.392	0.182
	蒸发量	−0.302	1.000	−0.391**	0.552*	−0.043
	气温	−0.123	−0.391**	1.000	−0.008	0.186
	日照时数	−0.392	0.552*	−0.008	1.000	−0.399
	风速	0.182	−0.043	0.186	−0.399	1.000
西南部	降雨量	1.000	−0.306*	−0.194	−0.100	0.045
	蒸发量	−0.306*	1.000	0.265	0.548*	−0.302
	气温	−0.194	0.265	1.000	−0.054	0.049
	日照时数	−0.100	0.548*	−0.054	1.000	−0.260
	风速	0.045	−0.302	0.049	−0.260	1.000

续表

研究区	Pearson 相关系数					
	统计项	降雨量	蒸发量	气温	日照时数	风速
中部	降雨量	1.000	−0.020	−0.083	−0.169	0.409
	蒸发量	−0.020	1.000	−0.460**	0.578*	−0.216
	气温	−0.083	−0.460**	1.000	0.142	−0.466
	日照时数	−0.169	0.578*	0.142	1.000	0.003
	风速	0.409	−0.216	−0.466	0.003	1.000
东北部	降雨量	1.000	−0.434**	−0.205	0.017	−0.082
	蒸发量	−0.434**	1.000	0.403**	0.639*	0.212
	气温	−0.205	0.403**	1.000	0.090	0.394
	日照时数	0.017	0.639*	0.090	1.000	0.446
	风速	−0.082	0.212	0.394	0.446	1.000

* 表示 sig 值在 0.05 水平下差异显著。

** 表示 0.01 水平差异显著。

表 6.3 − 2　　　　降雨量 Pearson 相关系数的显著性指标统计

研　究　区	降雨 Pearson 相关系数的显著性 sig 值			
	蒸发量	气温	日照时数	风速
西北部	0.024	0.367	0.165	0.534
西南部	0.039	0.155	0.734	0.879
中部	0.897	0.541	0.564	0.146
东北部	0.001	0.137	0.955	0.780

　　由表 6.3 − 1 的 Pearson 相关系数可以看出，研究区各统计项与风速间均未呈现显著相关性，大清河流域山区不同区域的降雨量与蒸发量，蒸发量与气温、日照时数大部分呈现不同程度的显著相关性。东北部降雨量与蒸发量呈现 0.01 水平的显著负相关，西北部、西南部降雨量与蒸发量呈现 0.05 水平的显著负相关。研究区蒸发量与日照时数均呈现 0.05 水平的显著正相关，西北部、中部及东北部蒸发量与气温均呈现 0.01 水平的显著负相关，而西南部蒸发量与气温呈现 0.05 水平的显著正相关。

仅考虑研究区气象因素对降雨量的影响,由表 6.3-1 和表 6.3-2 可以看出研究区内的降雨量与蒸发量、气温的相关性较高,呈现负相关,与风速的相关性最低,更多呈现正相关关系。各影响因素依据显著性程度由高到低排序分别为蒸发量、气温、日照时数、风速。

6.3.2 气候变化与人类活动的径流贡献度分析

依据前文研究结果,大清河流域山区降雨变化不显著,而径流锐减现象严重,随时间演变的降雨-径流关系更多地体现在径流变化,而气候因素中的气温主要影响蒸发,进而间接影响研究区径流变化,为此利用累积量斜率变化率比较法,构造降雨-径流、降雨-蒸发双累积曲线探讨气候变化与人类活动在不同时段对降雨-径流贡献度的比较分析。累积量斜率变化率比较法[178]的计算过程如下:

假设基于时间的累积统计量 i 的线性表达式的斜率在突变前后两个时期分别为 ka_i 与 kb_i,则累积统计量的线性表达式的斜率变化率 Rs_i 为

$$Rs_i = 100 \times (kb_i - ka_i)/ka_i \qquad (6.3-1)$$

式中:Rs_i 为正数时表示斜率变大,负数时表示斜率减小;统计量 i 序列可以为降雨-蒸发($p-et$)、降雨-径流($p-R$)等相关因素。

降雨-蒸发($p-et$)变化对降雨-径流变化的贡献度为 C_{p-et},则人类活动对径流变化的贡献率 C_h 为

$$C_h = 100 - C_{p-et} \qquad (6.3-2)$$

其中 $C_j = 100 \times (Rs_j/Rs_R)$,$j = p - et$。

由于气温是影响径流的间接因素,研究区径流实际变化与蒸发的联系更为直接,为此主要选取降雨和蒸发代表区域气候变化特点,以 1980 年和 2000 年为界限将研究时段划分为 A、B、C 三阶段,降雨量-径流量和降雨量-蒸发

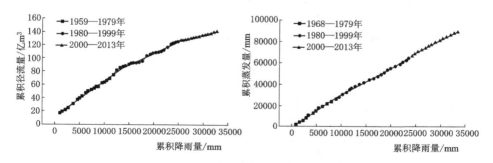

(a)王快水库以上流域

图 6.3-1(一) 降雨量-径流量、降雨量-蒸发量累积序列变化

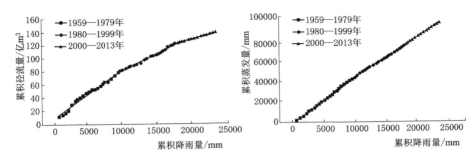

（b）西大洋水库以上流域

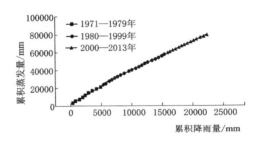

（c）紫荆关以上流域

图 6.3-1（二）　降雨量-径流量、降雨量-蒸发量累积序列变化

量累积序列变化如图 6.3-1 所示，降雨量-径流量和降雨量-蒸发量的斜率见表 6.3-3，经计算的各阶段各子流域气候变化与人类活动对降雨-径流的影响见表 6.3-4。

表 6.3-3　　　　　　　　　　各阶段累积统计量斜率

研　究　区	阶段	降雨量-径流量	降雨量-蒸发量
王快水库以上流域	A	0.0054	3.8332
	B	0.0035	3.1898
	C	0.0019	2.7517
西大洋水库以上流域	A	0.0080	4.6601
	B	0.0054	3.7592
	C	0.0030	3.4678
紫荆关水文站以上流域	A	0.0045	3.885
	B	0.0036	3.2778
	C	0.0020	2.9321

表 6.3-4　气候变化与人类活动对研究区降雨-径流减少的贡献程度　　　　%

研　究　区	阶段	B、C阶段与A阶段贡献度比较		C阶段与B阶段贡献度比较	
		气候变化	人类活动	气候变化	人类活动
王快水库以上流域	A	—	—	—	—
	B	47.70	52.30	—	—
	C	43.53	56.47	30.04	69.96
西大洋水库以上流域	A	—	—	—	—
	B	59.48	40.52	—	—
	C	40.94	59.06	17.44	82.56
紫荆关水文站以上流域	A	—	—	—	—
	B	78.15	21.85	—	—
	C	44.15	55.85	23.73	76.27

　　由表 6.3-3 可以看出，研究区人类活动对降雨-径流减少造成的影响极大，且随着时间延续，人类活动的影响基本仍在扩大。由表 6.3-4 可知，王快水库以上流域 B 阶段与 A 阶段相比，人类活动造成降雨-径流减少的贡献度为 52.3％；进入 C 阶段后人类活动的贡献度略有增加，增加了 17.66％；西大洋水库以上流域与 A 阶段相比，B 阶段人类活动造成降雨-径流减少的贡献度为 40.52％，进入 C 阶段后，C 阶段较 B 阶段人类活动的贡献度又扩增了 42.04％，降雨-径流的减少几乎是由于人类活动造成的；紫荆关水文站以上流域与 A 阶段相比，B 阶段人类活动造成降雨-径流减少的贡献度为 21.85％，进入 C 阶段后，C 阶段较 B 阶段人类活动的贡献度又扩增了 54.42％。人类活动对降雨-径流减少的贡献度可以侧面反映三组流域水资源开发利用活动状况。A—B 阶段时，王快水库及西大洋水库以上流域水资源开发利用活动增速较大，紫荆关水文站以上流域水资源开发利用活动增速相对较小；B—C 阶段时，王快水库以上流域水资源开发利用活动增速相对稳定，而其余两流域仍呈现较快增长速度。

　　西大洋水库以上流域三个阶段人类活动对降雨-径流减少造成的贡献始终保持在较高程度，紫荆关水文站以上流域呈现先缓后增的变化，王快水库以上流域呈现先增后缓的变化，三组子流域中的西大洋水库以上流域人类水资源活动影响导致的降雨-径流关系的变化程度相对较大。由贡献度可知现阶段受人类活动的影响，由高至低排序应为西大洋水库以上流域、紫荆关水文站以上流域、王快水库以上流域，与前文降雨-径流关系丰枯演化特点的初步判断一致。

　　随时间演变过程中，大清河流域山区三组子流域气候变化对降雨-径流减少的贡献度逐渐降低，人类活动的影响相对增高，降雨-径流减少的原因依据其类型可归纳为两类：一类是由于人类活动等水资源开发利用行为直接从地表或地下取用水资源造成的，为直接原因；另一类是由于自然或人为造成下垫面的累积渐变，为间接原因[179]。依据对大清河流域山区的实地调查及相关文献研究[180-184]，造成研究区变化的主要原因如下：

社会经济发展离不开水资源，1980年和2000年均是经济发展变化的拐点，随着人口的增长及城市化进程的加快，大清河流域山区内河道或地下水的取用水量在三个阶段内也呈增大趋势，取用水量的增加是造成径流锐减的一个重要原因，但各子流域内径流减少的贡献度变化不具备相似性，其增速特点各异，因此自然或人为影响引起的下垫面的变化应是造成各子流域径流减少贡献度变化的主要原因，且人为影响占主要部分。A—B阶段的变化主要为小型水利工程的建设、城市化或经济增速的影响造成的下垫面变化，如增加上游拦、蓄、引水量，扩大了水域面积或增加上游耕地面积等地貌的变化，进而导致各子流域径流的减少；B—C阶段可能更多地是由于政策因素影响导致下垫面变化，由于20世纪70—80年代社会经济的发展，山区流域内的工业及农业也有一定的发展，山区河道工业污水及农药化肥的增加使政府及人民越来越重视水源地的保护，进入21世纪后保定市确立了大清河流域山区的水源保护区，对工农业进行整治，并调整种植结构，植树造林。研究显示2000年后，大清河流域山区更多以林草地为主，增大了山区土壤含水量，进而减少了径流的产生。且由于研究区域控制面积的不同，流域水资源可能受到不同的水资源行政管理、土地规划管理。例如，西大洋水库以上流域控制面积最大，包括了山西省和河北省部分区域，正是由于受到了下垫面变化及行政管理因素的共同影响，造成了西大洋水库以上流域人类活动对径流减少的贡献度比其余两区域更大，甚至接近100%。

第7章

降雨-径流关系空间变异性

7.1 研究内容与方法

大清河流域山区降雨、径流整体特征基本相似，前文中主要研究了降雨-径流关系在时间上的相关特点，但降雨-径流关系的空间变异特点还缺乏统一认识。其中关于研究单一降雨的空间变异较多，而受流域束缚，径流的空间变异显得毫无意义，但降雨-径流关系不受流域约束。本章主要研究降雨-径流关系的空间变异。由于研究区资料、数据等要素的制约，以 10 组气象站点及 4 组水文站点实测数据为基础分析大清河流域山区降雨-径流关系的空间变异，进一步分析子流域降雨-径流关系空间变异性。

以水文站的降雨-径流关系类推其余气象站点的降雨-径流关系，且依据前文降雨-径流关系突变时间点确定 1959—1979 年、1980—1999 年、2000—2019 年三个研究时段，最终分析研究区域在每个研究时段的空间变异性。具体分析思路如下：

（1）虚拟径流的确定。优选水文站边缘分布函数，确定气象站点多年平均降雨量对应水文站点的频率，进而求得水文站对应频率的径流量作为气象站点的多年虚拟平均径流量（虚拟径流）。

（2）虚拟径流的修正。1980 年后的降雨-径流关系由于受到人类活动影响发生显著变化，依据 GAMLSS 模型推求各水文站点参数随时间线性变化的趋势特点，进而结合 GAMLSS 模型中的均值变化趋势对气象站点虚拟径流进行修正。

（3）分析降雨-径流关系空间变异性。优选水文站 Copula 函数，结合各气象站点时段的多年平均降雨量和虚拟径流，确定各气象站点 Copula 函数值，结合地统计学相关知识，对研究区降雨-径流关系空间变异进行分析。

7.2 大清河流域山区降雨-径流关系空间变异分析

7.2.1 气象站点虚拟径流的确定

突变前降雨-径流关系未发生突变，该时段基于水文站降雨径流边缘分布，可推求气象站虚拟径流；在发生突变后求出的虚拟径流应进行修正。水文站点降雨径流序列的 Weibull（WEI）、Normal（NO）、Generalized Extreme Value（GEV）、Pearson Type Ⅲ（P-Ⅲ）分布函数经验频率和理论频率拟合结果如图 7.2-1 所示。

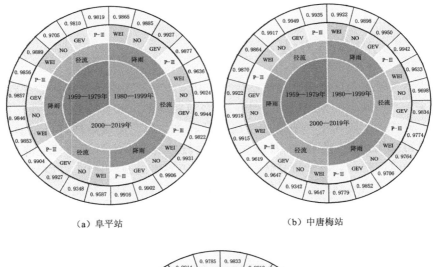

（a）阜平站　　　　　　　　　　　　（b）中唐梅站

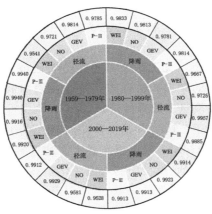

（c）紫荆关站

图 7.2-1　水文站降雨径流序列边缘分布函数频率拟合图

构建站点突变后径流 GAMLSS 时间序列参数模型，选取均值 μ 和均方差 σ 两种参数以及平稳（s）、线性（l）、抛物线性（p）三种变化趋势，计算 Gamma、Log Normal、Gumbel、Weibull、Normal 五种分布函数的 AIC 值（图 7.2-2）。

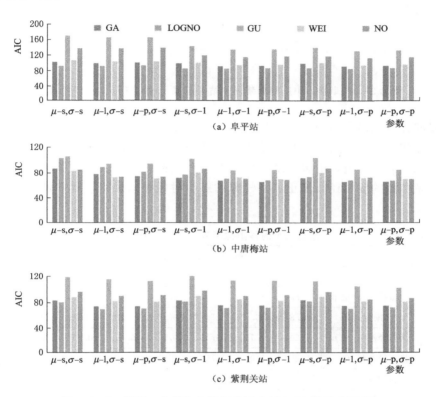

图 7.2-2　阜平、中唐梅和紫荆关站 GAMLSS 模型 AIC 值

通过 AIC 发现阜平站最优模型的均值和均方差参数均为线性变化，分布函数为 Log Normal 分布；中唐梅站最优模型为均值线性变化、均方差抛物线性变化，分布函数为 Gamma 分布；紫荆关站最优分布模型为均值线性变化、均方差平稳变化，分布函数为 Log Normal 分布。对比均值和均方差两个参数对模型 AIC 的影响可知，均值变化是影响模型 AIC 值的主要因素，而均方差的影响并不显著，不是模型的敏感参数。为此主要依据 GAMLSS 模型径流均值的时变特点进行气象站对应降雨频率下的径流的修正。阜平站、中唐梅站、紫荆关站突变后 GAMLSS 模型径流均值时变曲线如图 7.2-3 所示。

由图 7.2-3 可以看出，阜平站、中唐梅站、紫荆关站 1980—1999 年时段的径流衰减量分别为 0.02 亿 m³、0.04 亿 m³ 和 0.04 亿 m³，2000—2019 年

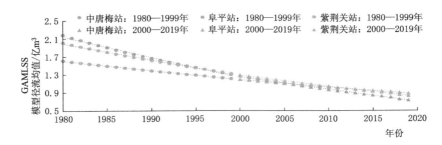

图 7.2-3 阜平、中唐梅和紫荆关站 GAMLSS 模型径流均值时变曲线

时段的径流衰减量分别为 0.02 亿 m³、0.03 亿 m³ 和 0.02 亿 m³。依据各水文站点相对位置，选择倒马关站时变曲线斜率为距离较近的灵丘站、涞源站的虚拟径流修正值，中唐梅站与紫荆关站时变曲线斜率的平均值为除阜平站外其余各站的虚拟径流修正值。气象站三个时段虚拟径流量计算和修正结果见表 7.2-1。

表 7.2-1　　　　　气象站三个时段虚拟径流量计算和修正结果

时　段	序　列	满城站	霞云岭站	易县站	唐县站	行唐站	曲阳站	涞源站	顺平站
1959—1979 年	降雨量/mm	560.92	650.60	562.14	539.57	427.40	524.08	546.62	529.72
	虚拟径流量/亿 m³	2.82	3.82	2.83	2.59	1.49	2.43	2.67	2.49
1980—1999 年	降雨量/mm	580.84	556.61	555.77	508.61	469.09	480.29	524.80	544.72
	虚拟径流量/亿 m³	1.29	1.10	1.10	0.71	0.61	0.66	0.90	1.00
	修正径流量/亿 m³	1.25	1.06	1.06	0.67	0.59	0.64	0.86	0.96
2000—2019 年	降雨量/mm	500.48	528.36	498.96	530.66	493.41	498.87	494.12	515.57
	虚拟径流量/亿 m³	0.74	0.80	0.74	0.81	0.71	0.74	0.71	0.78
	修正径流量/亿 m³	0.71	0.78	0.72	0.78	0.69	0.72	0.68	0.75

7.2.2　气象站点 Copula 函数值的确定

若大清河流域降雨序列用 X 表示，径流序列用 Y 表示，$(X > \overline{x}, Y \leqslant \overline{y})$ 表示降雨大于年平均降雨量、径流小于年平均径流量的联合分布，$(Y \leqslant \overline{y} \mid X > \overline{x})$ 表示在降雨大于年平均降雨量的情况下径流小于年平均径流量的条件分布，则

$$F_{xy}(X, Y) = P(X > \overline{x}, Y \leqslant \overline{y}) = F_2(\overline{y}) - F(\overline{x}, \overline{y}) \tag{7.1}$$

$$F_{y|x}(X, Y) = P(X > \overline{x}, Y \leqslant \overline{y}) = \frac{F_2(\overline{y}) - F(\overline{x}, \overline{y})}{1 - F_1(\overline{x})} \tag{7.2}$$

式中：$\overline{x}$、$\overline{y}$ 为年平均降雨量和年平均径流量；$F_1(x)$、$F_2(y)$ 为降雨和径流的边缘分布函数；$F(x,y)$ 为 Copula 函数值。

首先进行气象站和水文站降雨径流序列边缘分布函数相似性分析，然后分析气象站和水文站在突变前后的边缘分布是否仍具备相似性。结合相对地理位置，选取气象站点中靠近太行山麓的灵丘站、东北方向的霞云岭站、中部涞源站，以及阜平水文站为代表站，代表站降雨边缘分布函数频率拟合结果见表7.2-2。

表7.2-2　　　　　　　代表站降雨边缘分布函数频率拟合

时　段	站　点	WEI	NO	GEV	P-Ⅲ
1959—1979 年	霞云岭	0.962	0.928	0.979	0.956
	涞源	0.962	0.982	0.964	0.970
	灵丘	0.653	0.497	0.642	0.597
	阜平	0.985	0.985	0.986*	0.986
1980—1999 年	霞云岭	0.953	0.971	0.991	0.972
	涞源	0.824	0.891	0.748	0.821
	灵丘	0.719	0.954	0.958	0.877
	阜平	0.987	0.989	0.993*	0.988
2000—2019 年	霞云岭	0.985	0.982	0.986	0.983
	涞源	0.991	0.981	0.988	0.987
	灵丘	0.987	0.990	0.990	0.983
	阜平	0.993*	0.991	0.990	0.992

*表示阜平站的优选分布函数。

由表7.2-2可知，阜平站1959—1979年的降雨符合广义极值分布，霞云岭站和涞源站四组分布函数的可选性均较高且相近，灵丘站也可选择广义极值分布；阜平站1980—1999年的降雨符合广义极值分布，霞云岭站和灵丘站同样符合广义极值分布，涞源站广义极值分布的拟合效果没有其他分布函数好；在2000—2019年的时段，阜平站降雨符合韦伯分布，三个气象站的四组分布可选性均较高且相近。综上所述，气象站点三个时段的降雨边缘分布与阜平站具有相似性。

以阜平站为例，优化选取 Archimedean Copula 函数，确定在1959—1979年时段选择 Clayton Copula 函数，1980—1999年时段选择 Gumbel Copula 函数，2000—2019年时段选择 Clayton Copula 函数，计算降雨大于多年平均降雨量与径流小于多年平均径流量的联合分布概率，进而计算在降雨大于多年平均降雨量的条件下径流小于多年平均径流量的条件分布概率（表7.2-3）。

表 7.2-3　　　　　　　　　　联合与条件分布概率统计

概率类型	时　段	站　　点									
		满城	霞云岭	易县	唐县	行唐	曲阳	涞源	顺平	灵丘	阜平
联合分布概率	1959—1979 年	0.03	0.04	0.03	0.03	0.01	0.03	0.03	0.03	0.02	0.06
	1980—1999 年	0.07	0.10	0.07	0.10	0.04	0.07	0.04	0.09	0.01	0.20
	2000—2019 年	0.28	0.25	0.25	0.04	0.01	0.02	0.17	0.21	0.01	0.30
条件分布概率	1959—1979 年	0.05	0.05	0.05	0.05	0.02	0.04	0.05	0.04	0.02	0.13
	1980—1999 年	0.09	0.15	0.09	0.16	0.06	0.09	0.06	0.14	0.01	0.45
	2000—2019 年	0.52	0.42	0.42	0.06	0.01	0.02	0.27	0.35	0.01	0.59

7.2.3　降雨-径流关系空间变异分析及其影响分析

7.2.3.1　Copula 值正态检验

利用 SPSS 软件计算概率显著性检验值（P 值），判断其是否符合正态分布，联合分布和条件分布在三个时段的 P 值分别为 0.33、0.24 和 0.23 以及 0.35、0.30 和 0.22，P 值均大于 0.05，符合正态分布，因此可采用地统计学方法进行相关分析。

7.2.3.2　降雨-径流关系空间变异及其影响因素

采用普通克里金插值法对各站三个时段的分布概率进行插值，计算相应的变异函数参数值并应用变异函数的稳定模型进行拟合（表 7.2-4）。

表 7.2-4　　　　　　　　　　三个时段变异函数特征参数统计

概率类型	时　段	理论模型	块金值（C_0）	基台值（C_0+C）	块基比/%	变程/km	步长/km
联合分布概率	1959—1979 年	稳定	0.0023	0.0023	100	3.24	0.27
	1980—1999 年	稳定	0.0016	0.0025	62.84	1.37	0.18
	2000—2019 年	稳定	0.0022	0.0075	29.83	1.18	0.16
条件分布概率	1959—1979 年	稳定	0.0011	0.0011	100	1.93	0.20
	1980—1999 年	稳定	0.0062	0.0088	70.45	1.73	0.18
	2000—2019 年	稳定	0.0084	0.0261	32.18	1.18	0.14

由表 7.2-4 可以看出，大清河流域山区三个时段的联合分布和条件分布概率块金值都相对较小，其空间分布更易呈现地带性规律。对于联合分布概率，1959—1979 年空间自相关性主要体现在 $0 \sim 3.24\text{km}$ 范围内，

1980—1999年和2000—2019年空间自相关性主要体现在0～1.37km和0～1.18km范围内，且三个时段步长均小于变程，表明在步长范围内也同样存在空间自相关性；从结构性因素的角度分析，1959—1979年块基比为100%，表明降雨-径流关系的变异全部是由自然随机因素引起的，空间相关性极弱，1979—1999年块基比为62.84%，2000—2019年块基比为29.83%，突变后两个时段均为中等空间相关性，表征由自然随机因素引起的降雨-径流关系空间异质性占总空间异质性的62.84%和29.83%，即突变后研究区内的原有降雨-径流关系受人类活动等其他因素的影响发生了改变，并且随着时间的推移，人类活动的影响越来越大。对于条件分布概率，其变程和步长都较联合分布概率小，并且条件分布概率1959—1979年的块基比为100%，1979—1999年和2000—2019年块基比分别为70.45%和32.18%，同样都为中等空间相关性。从数值上看，条件分布概率比联合分布概率的空间变异弱一些。

　　根据变异函数分析结果，利用普通克里金插值法绘制大清河流域山区降雨-径流关系空间分布，并选取平均误差、均方根误差、标准平均值误差、标准化均方根误差和平均标准误差五个指标进行交叉验证以检验空间插值的整体精度。判断拟合函数模型是否具备合理性的评价标准为：平均误差和标准平均值误差接近于0，均方根误差尽可能小，平均标准误差接近于均方根，标准化均方根误差接近于1。表7.2-5为拟合模型预测误差指标统计情况。

表 7.2-5　　　　　　　　　　拟合模型预测误差指标统计

概率类型	时　　段	平均误差	均方根误差	标准平均值误差	标准化均方根误差	平均标准误差
联合分布概率	1959—1979年	-0.0376	0.2465	-0.7367	4.8516	0.0507
	1980—1999年	-0.0431	0.3323	-0.8055	6.2745	0.0523
	2000—2019年	0.0130	0.1187	-0.7396	3.1326	0.1239
条件分布概率	1959—1979年	0.0086	0.2281	-0.2930	1.9673	0.0420
	1980—1999年	0.0035	0.1805	-0.6789	2.9056	0.0225
	2000—2019年	0.0016	0.3768	-0.1956	1.0216	0.0391

　　由表7.2-5可知，拟合模型预测的平均误差和标准平均值误差接近于0，因此总体模型及参数是合理的；其中平均标准误差小于均方根误差，标准化均方根误差大于1，表明所选择的模型预测值偏低。

7.3　子流域降雨-径流关系空间变异分析

将大清河流域研究范围合理缩小，进一步结合实地状况，细化大清河流域山区降雨-径流关系空间变异性。选定王快水库以上、西大洋水库以上、安各庄水库上游紫荆关水文站以上作为主要研究子流域，阜平站、中唐梅站和紫荆关水文站为各子流域控制站点。以各子流域内水文站点降雨径流和气象站点的降雨资料为基础，分析子流域降雨-径流关系的空间变异。

7.3.1　各子流域气象站点虚拟径流的确定

依据 7.2 节中三个控制水文站边缘分布及 GAMLSS 模型计算结果，各子流域气象站虚拟径流量计算及修正结果分别见表 7.3-1～表 7.3-3。

表 7.3-1　王快水库以上子流域气象站虚拟径流量计算及修正结果

时段	序列	不老台	龙泉关	桥南沟	董家村	下庄	平阳	冉庄	庄旺	下关	新房
1959—1979 年	降雨量/mm	569.4	536.7	660.3	703.7	812.2	583.4	694.7	357.6	770.2	702.0
	虚拟径流量/亿 m³	2.82	2.48	3.82	4.35	5.73	2.96	4.24	0.97	5.19	4.33
1980—1999 年	降雨量/mm	495.8	559.0	549.2	611.7	651.3	557.3	543.0	547.2	563.3	583.0
	虚拟径流量/亿 m³	0.78	1.12	1.06	1.58	2.04	1.11	1.02	1.04	1.15	1.31
	修正径流量/亿 m³	0.76	1.10	1.04	1.56	2.02	1.09	1.00	1.02	1.13	1.29
2000—2019 年	降雨量/mm	493.9	542.4	614.4	576.3	700.9	574.9	413.6	481.3	477.5	672.2
	虚拟径流量/亿 m³	0.73	0.87	1.24	1.02	1.95	1.01	0.62	0.70	0.69	1.68
	修正径流量/亿 m³	0.71	0.85	1.22	1.00	1.93	0.99	0.60	0.68	0.67	1.66

表 7.3-2　西大洋水库以上子流域气象站虚拟径流量计算及修正结果

时段	序列	王庄堡	王成庄	独山城	石塘庄	银坊	插箭岭	中庄铺	东河南	海子
1959—1979 年	降雨量/mm	438.3	458.6	569.8	647.1	599.3	636.2	457.5	462.4	468.3
	虚拟径流量/亿 m³	1.69	1.77	2.27	2.69	2.42	2.63	1.77	1.79	1.81
	序列	石家田	腰站	马庄	五门	葛公	干河铺	浦里	南水芦	上寨
	降雨量/mm	520.0	548.4	601.4	644.5	609.9	631.6	482.2	503.0	534.3
	虚拟径流量/亿 m³	2.03	2.16	2.43	2.68	2.48	2.60	1.87	1.96	2.10
1980—1999 年	序列	王庄堡	王成庄	独山城	石塘庄	银坊	插箭岭	中庄铺	东河南	海子
	降雨量/mm	407.1	379.7	553.6	570.5	579.3	632.4	425.9	408.8	485.9
	虚拟径流量/亿 m³	0.91	0.86	1.32	1.38	1.41	1.63	0.94	0.91	1.09
	修正径流量/亿 m³	0.86	0.81	1.27	1.33	1.36	1.58	0.89	0.86	1.04

时段	序列	石家田	腰站	马庄	五门	葛公	干河铺	浦里	南水芦	上寨
1980—1999年	降雨量/mm	448.4	439.9	615.5	596.5	576.3	533.0	432.2	437.8	502.9
	虚拟径流量/亿 m³	1.00	0.98	1.56	1.48	1.40	1.24	0.96	0.97	1.15
	修正径流量/亿 m³	0.95	0.93	1.51	1.43	1.35	1.19	0.91	0.92	1.10

时段	序列	王庄堡	王成庄	独山城	石塘庄	银坊	插箭岭	中庄铺	东河南	海子
2000—2019年	降雨量/mm	449.5	469.6	591.3	583.5	572.1	603.0	469.6	418.8	508.7
	虚拟径流量/亿 m³	0.46	0.51	0.83	0.81	0.78	0.87	0.51	0.39	0.61
	修正径流量/亿 m³	0.43	0.48	0.80	0.78	0.75	0.84	0.48	0.36	0.58

序列	石家田	腰站	马庄	五门	葛公	干河铺	浦里	南水芦	上寨
降雨量/mm	446.3	511.0	628.8	571.5	536.0	501.2	441.6	423.3	490.6
虚拟径流量/亿 m³	0.46	0.62	0.94	0.78	0.68	0.59	0.45	0.40	0.56
修正径流量/亿 m³	0.43	0.59	0.91	0.75	0.65	0.56	0.42	0.37	0.53

表 7.3-3　紫荆关水文站以上子流域气象站虚拟径流量计算及修正结果

时段	序列	艾河村	石门	团圆村	胡子峪	狮子峪	东团堡	王安镇	乌龙沟
1959—1979年	降雨量/mm	559.5	540.6	615.2	597.9	502.5	588.3	573.3	568.2
	虚拟径流量/亿 m³	1.54	1.45	1.84	1.74	1.28	1.69	1.61	1.58
1980—1999年	降雨量/mm	531.6	531.1	528.2	532.2	532.5	522.7	550.3	533.7
	虚拟径流量/亿 m³	1.45	1.45	1.44	1.45	1.45	1.42	1.51	1.46
	修正径流量/亿 m³	1.41	1.41	1.40	1.41	1.41	1.38	1.47	1.42
2000—2019年	降雨量/mm	560.8	504.3	533.0	495.9	459.3	542.2	596.1	490.0
	虚拟径流量/亿 m³	0.88	0.77	0.82	0.76	0.76	0.84	0.96	0.75
	修正径流量/亿 m³	0.86	0.75	0.80	0.74	0.74	0.82	0.94	0.73

7.3.2　各子流域气象站点 Copula 函数值的确定

以各控制水文站降雨-径流关系为基础，结合 Copula 计算公式，计算子流域内气象站点的降雨径流 Copula 函数值，即降雨大于年平均降雨量、径流小于年平均径流量的联合分布概率 $P(X>\bar{x}, Y\leqslant\bar{y})$，进而计算在降雨大于年平均降雨量条件下发生径流小于年平均径流量的条件分布概率 $P(Y\leqslant\bar{y}|X>\bar{x})$，结果分别见表 7.3-4～表 7.3-6。

表 7.3－4　王快水库以上子流域各站点联合分布和条件分布概率表

概率类型	时　段	阜平	不老台	龙泉关	桥南沟	董家村	下庄	平阳	冉庄	庄旺	下关	新房
联合分布概率	1959—1979 年	0.06	0.14	0.02	0.03	0.04	0.04	0.02	0.04	0.01	0.04	0.04
	1980—1999 年	0.20	0.06	0.08	0.08	0.09	0.09	0.08	0.08	0.08	0.09	0.09
	2000—2019 年	0.31	0.04	0.12	0.14	0.16	0.04	0.15	0.02	0.02	0.02	0.07
条件分布概率	1959—1979 年	0.13	0.25	0.03	0.08	0.11	0.23	0.05	0.1	0.01	0.18	0.11
	1980—1999 年	0.45	0.09	0.17	0.16	0.25	0.31	0.17	0.15	0.15	0.17	0.21
	2000—2019 年	0.59	0.06	0.21	0.48	0.34	0.7	0.34	0.02	0.03	0.02	0.64

表 7.3－5　西大洋水库以上子流域各站点联合分布和条件分布概率表

概率类型	时　段	倒马关	王庄堡	王成庄	独山城	石塘庄	银坊	插箭岭	中庄铺	东河南	海子
联合分布概率	1959—1979 年	0.17	0.02	0.03	0.06	0.09	0.07	0.09	0.03	0.03	0.03
	1980—1999 年	0.10	0.09	0.09	0.09	0.09	0.09	0.09	0.09	0.09	0.09
	2000—2019 年	0.20	0.05	0.04	0.14	0.15	0.15	0.16	0.05	0.05	0.09
联合分布概率	时　段	石家田	腰站	马庄	五门	葛公	干河铺	浦里	南水芦	上寨	
	1959—1979 年	0.04	0.05	0.07	0.09	0.08	0.09	0.03	0.04	0.05	
	1980—1999 年	0.09	0.10	0.08	0.09	0.09	0.09	0.09	0.09	0.09	
	2000—2019 年	0.07	0.06	0.16	0.16	0.15	0.13	0.06	0.06	0.11	
条件分布概率	时　段	倒马关	王庄堡	王成庄	独山城	石塘庄	银坊	插箭岭	中庄铺	东河南	海子
	1959—1979 年	0.33	0.03	0.03	0.09	0.16	0.11	0.15	0.03	0.03	0.03
	1980—1999 年	0.22	0.10	0.11	0.17	0.17	0.16	0.18	0.11	0.09	0.13
	2000—2019 年	0.45	0.05	0.04	0.23	0.26	0.27	0.37	0.06	0.05	0.12
条件分布概率	时　段	石家田	腰站	马庄	五门	葛公	干河铺	浦里	南水芦	上寨	
	1959—1979 年	0.06	0.07	0.11	0.16	0.12	0.14	0.04	0.05	0.06	
	1980—1999 年	0.10	0.13	0.20	0.16	0.14	0.13	0.10	0.09	0.12	
	2000—2019 年	0.08	0.07	0.34	0.31	0.27	0.19	0.07	0.07	0.14	

表 7.3－6　紫荆关水文站以上子流域各站点联合分布和条件分布概率表

概率类型	时　段	紫荆关	艾河村	石门	团圆村	胡子峪	狮子峪	东团堡	王安镇	乌龙沟
联合分布概率	1959—1979 年	0.13	0.08	0.07	0.08	0.08	0.07	0.08	0.08	0.08
	1980—1999 年	0.16	0.07	0.06	0.06	0.05	0.06	0.07	0.06	0.06
	2000—2019 年	0.29	0.18	0.13	0.16	0.12	0.14	0.17	0.19	0.11
条件分布概率	1959—1979 年	0.29	0.11	0.1	0.14	0.13	0.08	0.12	0.11	0.11
	1980—1999 年	0.33	0.09	0.09	0.09	0.09	0.09	0.08	0.1	0.09
	2000—2019 年	0.56	0.33	0.18	0.25	0.17	0.18	0.28	0.42	0.15

7.3.3 各子流域降雨-径流关系空间变异及其影响分析

采用普通克里金插值法，计算子流域半变异函数特征参数并采用不同的模型进行插值拟合，对不同模型的拟合结果进行误差分析从而确定最优模型。由于两种联合类型在 1959—1979 年时段的块基比均为 100%，故球面、指数、高斯和稳定模型的预测误差一致。计算 1980—1999 年和 2000—2019 年突变时段的各模型插值误差，根据交叉验证准则，确定各子流域插值拟合的最优模型，并计算半变异函数参数。子流域插值拟合各模型误差值如图 7.3-1 所示。

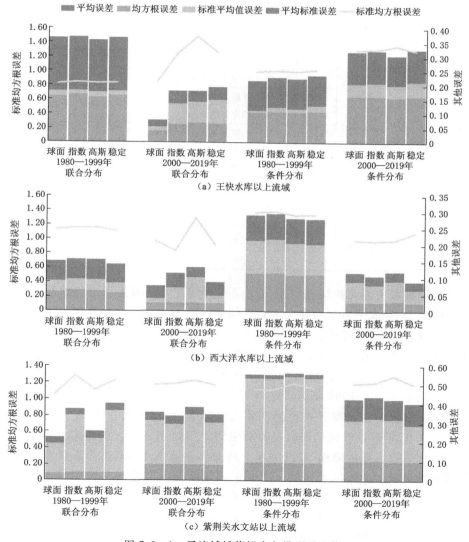

图 7.3-1 子流域插值拟合各模型误差值

根据各模型误差结果和误差判定准则，最终选定最优模型并计算子流域半变异函数特征参数值，见表 7.3-7。

表 7.3-7　　　　　　　　子流域半变异函数特征参数值

流　域	概率类型	时　段	理论模型	块金值 (C_0)	基台值 (C_0+C)	块基比 /%	变程 /km	步长 /km
王快水库以上	联合分布概率	1959—1979 年	稳定	0.0008	0.0008	100	1.36	0.11
		1980—1999 年	球面	0.0808	0.1297	62.27	0.42	0.06
		2000—2019 年	球面	0.0004	0.0022	19.35	0.44	0.06
	条件分布概率	1959—1979 年	稳定	0.0036	0.0036	100	1.36	0.11
		1980—1999 年	球面	0.1562	0.1832	85.27	0.42	0.06
		2000—2019 年	球面	0.0042	0.0145	29.11	0.44	0.06
西大洋水库以上	联合分布概率	1959—1979 年	稳定	0.0005	0.0005	100	1.27	0.11
		1980—1999 年	稳定	0.1340	0.2426	57.71	0.42	0.05
		2000—2019 年	球面	0.0238	0.1717	13.84	0.53	0.04
	条件分布概率	1959—1979 年	稳定	0.0026	0.0026	100	1.27	0.11
		1980—1999 年	稳定	0.0040	0.0060	67.56	0.37	0.06
		2000—2019 年	球面	0.0002	0.0010	20.19	0.44	0.05
紫荆关水文站以上	联合分布概率	1959—1979 年	稳定	0.0003	0.0003	100	1.33	0.11
		1980—1999 年	球面	0.0003	0.0005	69.39	0.36	0.06
		2000—2019 年	稳定	0.0043	0.0173	25.16	0.43	0.06
	条件分布概率	1959—1979 年	稳定	0.0001	0.0001	100	1.33	0.11
		1980—1999 年	球面	0.0039	0.0063	62.3	0.36	0.06
		2000—2019 年	稳定	0.0007	0.0035	20.92	0.47	0.07

理论模型中的参数块基比表示空间变异强度，其值表示由自然随机因素引起的降雨-径流关系空间变异占总空间变异的大小，"1-块基比"表示人类活动等其他因素引起的降雨-径流关系空间变异占总空间变异的大小。由表 7.3-7 可知，在突变前，各子流域在 1959—1979 年即突变前的块基比均为 100%，表明在 1959—1979 年时段降雨-径流关系的变异全部由自然随机因素引起；其中 1980—1999 年时段的块基比大于 2000—2019 年时段，表明由人类活动等引起的空间变异占比越来越大。降雨-径流关系在 1980—1999 年和 2000—2019 年时段分别呈现出中等和强烈的空间相关性。在整体分布上，西大洋水库以上流域的降雨-径流关系空间变异性最强烈，其次为王快水库以上流域和紫荆关水文站以上流域。同时子流域突变后的变程与突变前相比有所降低，表明流域降雨-径流关系的空间自相关性在降低。

各子流域三个时段降雨-径流关系联合分布概率和条件分布概率的空间分布如图 7.3-2~图 7.3-4 所示。

图 7.3 - 2 王快水库以上流域各时段降雨-径流关系联合分布概率和
条件分布概率空间分布图

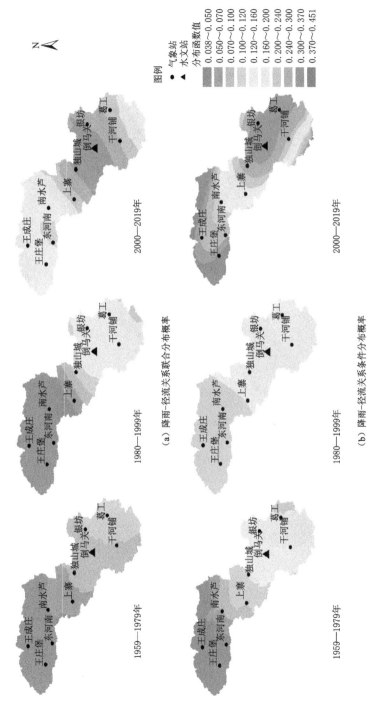

（a）降雨-径流关系联合分布概率

（b）降雨-径流关系条件分布概率

图 7.3 - 3　西大洋水库以上流域各时段降雨-径流关系联合分布概率和
条件分布概率空间分布图

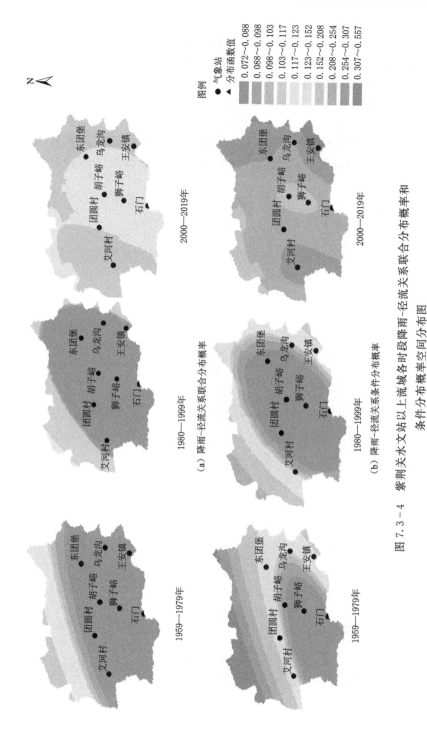

图 7.3 – 4 紫荆关水文站以上流域各时段降雨-径流关系联合分布概率和条件分布概率空间分布图

　　由图 7.3-2~图 7.3-4 可以明显看出三个子流域的条件分布概率均高于联合分布概率，且两者在空间分布上具有相似性。从王快水库以上流域来看，阜平站始终处于高值区域；东南区域由突变前的低值区逐渐成为高值区，变化较大；而南部区域始终处于低值区。西大洋水库以上流域低值区域变化不明显，倒马关站以东区域的值增大，由 0.16~0.20 增大到 0.3 以上，表明其更容易发生低径流的情况，对人类取水用水活动造成影响。紫荆关水文站以上流域在 1959—1979 年和 1980—1999 年两个时段的低值区域较多，而在 2000—2019 年时段流域整体数值变大，但高值区与低值区的相对位置没有变化。

第 8 章

水文要素时间序列
延拓-分解研究

8.1 研究内容与方法

本章节主要探讨在采用 CEEMDAN 方法对水文要素时间序列进行分解的过程中，数据延拓技术对分解结果的改进效果，并以数据延拓和 CEEMDAN 方法为基础构建不同的组合预测模型对水文要素进行预测，具体研究内容如下：

采用不同的延拓方法对选定流域各代表水文站点的年降雨量和径流量资料进行延拓，之后采用 CEEMDAN 方法分解这些延拓序列，并将延拓序列的分解结果与原始序列的分解结果进行对比，讨论端点效应对 CEEMDAN 方法分解结果的影响及数据延拓技术对端点效应的抑制效果及对分解结果的改进情况。

8.1.1 CEEMDAN 方法

本章节采用 CEEMDAN 周期分解方法，详见 3.1.1 节。

8.1.2 端点效应和数据延拓

8.1.2.1 端点效应

在对原始序列进行 EMD 分解获得 IMF 分量及 RES 分量的过程中，端点效应是一个不可忽视的问题。发生端点效应的大致原因如下：EMD 分解过程需要使用三次样条插值来对原始序列的极大值点和极小值点进行曲线拟合来求得上下包络线，进而获得原始序列的包络平均值。在这一过程中，原始序列的端点处常常不是极值点，因此在三次样条插值时就会产生拟合误差，并且随着分解过程的进行，每次样条插值拟合造成的误差将不断积累叠加，最后将导致分解得到的分量产生较大的误差。而后续得到的其他分量是在原始序列减去之前分解所得分量的基础上进一步差分拟合得到的，随着分解过程的不断进行，整个序列都会被端点效应"污染"，分解结果严重失真[185]。

因为端点效应对 EMD 分解结果的影响巨大，因此抑制端点效应是进行 EMD 分解的关键问题[186-189]。由 3.1 节中 CEEMDAN 方法的具体算法可知，该算法在分解数据的过程中反复使用原始的 EMD 算法，因此 EMD 分解过程的端点效应问题同样可以影响 CEEMDAN 方法的分解精度，需要对其进行处理后再应用于具体实例。

对于一个较长的数据序列来说，在进行分解的过程中可以通过抛弃两个端点数据的方法来削弱或消除端点效应，而对较短的数据序列，一般可以通过对原始序列进行数据延拓来抑制端点效应[189]。

8.1.2.2　数据延拓

目前抑制端点效应的方法主要有两种途径：一种是改用其他形式样条函数进行曲线拟合得到信号局部均值，通过这种方式虽然在端点效应抑制上得到一定程度的改善，但其插值性能一般比三次样条差，所以这种方式一般情况下很少使用；另一种就是采用一定方法在信号两端找到合适的极值点，使信号拟合的包络线能够完整包络整个信号，这是到目前为止普遍认为的抑制端点效应的有效途径，国内外大多数学者都致力于这方面的研究工作，并已取得了一些进展。这些方法又可以细化为两类：一类是基于自身波的延拓法；另一类是基于序列预测法。信号的偶延拓、镜像延拓、周期延拓，都可以归为自身波的延拓法，而线性拟合、多项式拟合、AR(auto regressive) 模型和神经网络预测法都可以归结为序列预测法，下面简要介绍几种常用的具有代表性的抑制端点效应方法。

1. 镜像延拓

镜像延拓[190]的原理是在靠近序列两端具有对称性的极值点处各放置一面镜子，则镜中信号作为延拓数据，即把原信号对称地延拓成一个闭合环形序列。镜像延拓要求把镜面放在极值点且具有对称性的位置上，端点处不一定是极值点，这就要截去部分的数据，对于较短序列来说这种方法不是很理想；另外，镜像延拓的精度无法得到保证，容易带来较大的延拓误差影响分解精度。

2. AR 模型

AR 模型是由线性回归模型引申并发展起来的，它是时序方法中最为基本的、应用最广泛的时序模型，不仅可以揭示数据自身的结构与规律，定量观察数据之间的线性相关性，还可以预测数据未来的变化趋势。

基于 AR 模型的时间序列预测延拓通常可以分为以下几个步骤：①采集数据并进行检验和预处理；②估计参数，构建 AR 模型；③采用 AR 模型进行预测，预测得到的数据即为延拓数据。

基于时间序列 AR 模型的预测延拓方法，对线性和非线性较弱的数据有较好的延拓效果，但非线性信号要取得比较理想的延拓效果，就要求 AR 模型有很高的阶数，增加了算法复杂度和运行时间。同时对于非平稳信号较强的信号，AR 模型预测的效果一般。

3. 神经网络预测法

神经网络依据函数的逼近能力可以分为全局逼近神经网络和局部逼近神经网络两类。全局逼近神经网络是网络的一个或任意多个权值的自适应可调参数对每一个输出变量都有影响。它的缺点是对于每组输入输出数据，网络中的权值均需调整，学习速度很慢。BP 神经网络是全局逼近神经网络的典型代表；局部逼近神经网络是在输入样本空间的某个局部范围内，只有少数几个权值会影响网络的输出结果，对于每组输入输出数据，只有少量的权值需要调整，具有很快的学习速度。典型的局部逼近网络就是 RBF 神经网络。BP 神经网络应用于函数逼近时具有存在局部极小和收敛速度慢的缺点，而 RBF 神经网络无论是在逼近能力还是在分类能力和学习速度等方面均优于 BP 神经网络。

因此，本书主要采用 RBF 神经网络延拓方法对原始时间序列进行延拓，具体的延拓方法如下[186]：

（1）对给定的数据序列 x（令其长度为 n），首先按一定规则产生一个学习样本矩阵 $P_{m \times k}$ 和与之对应的目标矩阵 $T_{l \times k}$，k 为样本组数，m、l 为数据点数。在 MATLAB 中用 newrbe 函数进行网络设计，将训练样本（P，T）输入到网络中训练网络，取合适的 spread 值，可以得到一个训练后的径向基网络。

（2）采用此网络进行数据延拓：确定序列 x 在边界（如右边界）的样本矩阵 p_1，将其输入到训练好的 RBF 神经网络中，输出延拓数据 a_1。将 a_1 当作原数据序列新的边界，产生新的样本矩阵 p_2，将 p_2 输入网络，得到新延拓数据 a_2，以此类推，直到在数据的右端延拓出合适长度的序列。用同样的方法在左端延拓出包含合适长度的序列。这样得到一个延拓后的序列 x_1，将其作 CEEMDAN 分解。

（3）在实际进行序列延拓的过程中应将预测长度设置在合理的范围内，保证延拓所得的数据保持一定的精度。另外，根据端点效应产生的原理，延拓必须使两端至少各出现一个极小值点和一个极大值点来抑制分解误差，避免分解结果失真。

8.1.3　评价指标

相关系数 r 和决定系数 R^2 是评价两个变量相关性的指标，均方根误差 RMSE 和平均绝对误差 MAE 为两个误差评价指标，这四个评价指标都可以用来定量描述延拓序列和原始序列的分解精度以及预测模型的预测精度[191-192]。

平均绝对误差 MAE：

$$MAE = \frac{\sum_{i=1}^{n} |x_i - X_i|}{n} \tag{8.1-1}$$

决定系数 R^2：

$$R^2 = 1 - \frac{\sum_{i=1}^{n}(x_i - X_i)^2}{\sum_{i=1}^{n}(|\overline{x} - X_i| + |\overline{x} - x_i|)^2} \tag{8.1-2}$$

均方根误差 $RMSE$：

$$RMSE = \sqrt{\frac{\sum_{i=1}^{n}(x_i - X_i)^2}{n}} \tag{8.1-3}$$

式中：n 为数据的个数；x_i 为标准序列的第 i 个数据；X_i 为第 i 个预测值或 CEEMDAN 分解后的相应分量的第 i 个数据。

相关系数 r 计算公式为

$$r_j = \frac{cov(x_j, IMF_j)}{\sqrt{\delta(x_j)}\sqrt{\delta(IMF_j)}} \tag{8.1-4}$$

式中：x_j 为原始信号的第 j 个分量；IMF_j 为第 j 个本征模态函数；δ 为方差；cov 为协方差。

相关系数 r_j 可以表征 IMF 与标准序列分量或预测结果与实测值的相似程度，r 越接近 1 分解或预测精度越高。

8.2　不同站点水文要素时间序列延拓-分解案例分析

8.2.1　倒马关水文站年径流量

8.2.1.1　年径流量序列选取

以大清河流域山区倒马关水文站 1956—2014 年实测年径流量资料为基础

设置三组序列进行研究：①截取 1963—2007 年共 45 年径流量数据作为本次研究的原始序列；②分别利用镜像延拓、AR 模型、RBF 神经网络延拓技术将原始序列向左右两端进行延拓，其中左端延拓至 1956 年，右端延拓至 2014 年，得到的 1956—2014 年序列为延拓序列；③将整个 1956—2014 年实测年径流量作为标准序列。

8.2.1.2 年径流量数据延拓

在倒马关水文站年径流量原始序列中，相邻两个极大值点或极小值点的最大间隔为 6 年，为了保证延拓能够出现新的极值点来抑制端点效应并且具有一定精度，原始序列左右两端都选择 7 年作为延拓长度，即 1956—1962 年为原始序列的左端延拓部分，2008—2014 年为右端延拓部分。模型的率定期为 31 年，检验期为 14 年，模型构建经过了交叉验证。将这两个时间段内倒马关水文站年径流量实测数据与延拓结果进行对比，延拓结果及延拓误差分别见图 8.2-1 和表 8.2-1。

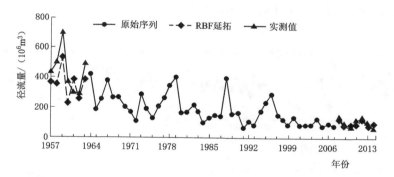

图 8.2-1 倒马关水文站径流量原始序列及延拓结果

表 8.2-1 倒马关水文站径流量延拓误差

左 端	1956 年	1957 年	1958 年	1959 年	1960 年	1961 年	1962 年
标准序列/(10^6 m³)	435.91	502.05	696.35	364.88	303.74	290.67	492.90
RBF 延拓/(10^6 m³)	363.32	351.84	526.71	228.39	373.36	261.61	383.61
相对误差/%	−16.65	−29.92	−24.36	−37.41	22.92	−10.00	−22.17
右 端	2008 年	2009 年	2010 年	2011 年	2012 年	2013 年	2014 年
标准序列/(10^6 m³)	145.59	88.73	82.04	127.00	138.48	103.17	70.43
RBF 延拓/(10^6 m³)	119.95	81.59	92.64	90.94	121.97	78.82	93.02
相对误差/%	−17.61	−8.28	12.92	−28.40	−11.93	−23.60	32.08

结合图 8.2-1 和表 8.2-1 可知，原始序列向右延拓所得的 7 年数据中，2009 年、2010 年、2012 年和 2013 年的延拓值都成为了新的极值点，2010 年和 2013 年的延拓结果有所偏差，相对误差为 12.92% 和 -23.60%；左端延拓得到了 1957 年、1958 年、1959 年、1960 年及 1961 年 5 个极值点，其中 1957 年和 1959 年处的极值点与实测数据趋势不一致，误差为 -29.92% 和 -37.41%，其他的极值点则符合实测数据波动规律。因此，RBF 神经网络模型尽管难以精准把握该径流量序列的变化规律，直接进行预测可能导致某些点产生较大误差，但从整体看，左右两端的延拓基本上可以反映标准序列的大概趋势。

8.2.1.3　年径流量分解结果

1. 结果对比

应用 CEEMDAN 方法分解延拓序列以及标准序列，分解结果如图 8.2-2 所示。其中延拓序列和标准序列中两端的数据，即 1956—1962 年和 2009—2015 年系列值为在 CEEMDAN 分解过程中被端点效应"污染"的数据，故分解后将这两部分失真的数据抛弃而保留受端点效应影响较小的部分。以标准序列的分解结果作为基准来评判延拓序列的分解精度。

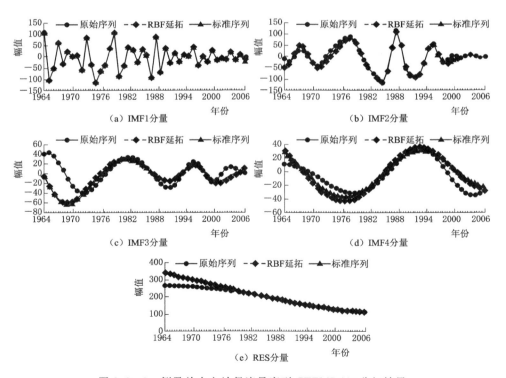

图 8.2-2　倒马关水文站径流量序列 CEEMDAN 分解结果

由图 8.2-2 可知，延拓序列以及标准序列均被 CEEMDAN 分解得到 5 层分量。将两组序列的每一层分量进行对比可以看出，在 IMF1 分量和 IMF2 分量中，延拓序列与标准序列的分解结果几乎完全重合，端点效应造成的误差基本没有显现，RBF 神经网络延拓序列的分解结果可以完美表示高频分量的波动特征。在 IMF3 分量和 IMF4 分量中，延拓序列的分解结果仍与标准值有大范围的重合，在局部仅有幅值上的差异，但相差不大，且变化趋势、准周期等信息仍然与标准序列保持一致，RBF 神经网络数据延拓将端点效应造成的误差控制在较小范围内，保证了 CEEMDAN 分解的结果准确，精度可靠。最后两组 RES 分量均反映了径流序列在长时间尺度上的下降趋势，两组序列趋势变化基本相同，仅幅值有所偏差，RBF 神经网络延拓序列的分解结果在该分量上体现的信息仍然真实有效。

总体而言，径流量原始序列经过 RBF 神经网络延拓后，CEEMDAN 分解过程中的端点效应并没有导致与延拓序列分解结果失真，分解误差被控制在合理范围内。因此，延拓序列的分解结果可以真实反映数据的变化规律，为径流量的多时间尺度分析和精准预测提供可靠基础。

2. 分解误差

选择相关系数 r 和决定系数 R^2 作为序列相关性评价指标，以及均方根误差 $RMSE$ 和平均绝对误差 MAE 作为误差评价指标，以标准序列分解结果为基准来定量评价各组序列的分解效果。

CEEMDAN 分解后原始序列和延拓序列各分量分解误差见表 8.2-2。

表 8.2-2　　　　　　　　原始序列与延拓序列各分量分解误差

评价指标		R^2	r	$RMSE$	MAE
IMF1 分量	无延拓	0.96	0.98	16.07	8.40
	RBF 神经网络延拓	0.99	0.99	4.84	3.63
IMF2 分量	无延拓	0.90	0.95	12.43	6.99
	RBF 神经网络延拓	0.99	0.99	3.61	2.35
IMF3 分量	无延拓	0.73	0.86	24.33	17.17
	RBF 神经网络延拓	0.99	0.99	3.02	2.24
IMF4 分量	无延拓	−0.57	0.85	17.51	13.52
	RBF 神经网络延拓	0.99	0.99	1.11	0.82
RES 分量	无延拓	0.99	0.99	13.79	10.64
	RBF 神经网络延拓	0.99	0.99	1.27	0.98

由表 8.2 – 2 可知，在 IMF2、IMF3、IMF4 分量上，数据延拓序列的均方根误差 RMSE、决定系数 R^2 和平均绝对误差 MAE 等参数相比于无延拓的原始序列都有了明显改善，分解精度显著提高。在 IMF1 分量上，两者都具有较高精度，对原始数据进行延拓没有十分明显的优势；延拓序列中 RES 分量的误差更小。整体而言，延拓序列的分解精度明显优于无延拓的原始序列。

8.2.2　唐县气象站年降雨量

8.2.2.1　年降雨量序列选取

以大清河流域山区唐县气象站 1964—2013 年实测年降雨量资料为基础设置三组序列进行研究：①截取 1971—2006 年共 36 年降雨数据作为本次研究的原始序列；②分别利用镜像延拓、AR 模型、RBF 神经网络延拓技术将原始序列向左右两端进行延拓，其中左端延拓至 1964 年，右端延拓至 2013 年，得到的 1964—2013 年序列为延拓序列；③将整个 1964—2013 年实测年降雨量作为标准序列。

8.2.2.2　年降雨量数据延拓

在唐县气象站年降雨量原始序列中，相邻两个极大值点或极小值点的最大间隔为 6 年，为了保证延拓能够出现新的极值点来抑制端点效应并且具有一定精度，原始序列左右两端都选择 7 年作为延拓长度，即 1964—1970 年为原始序列的左端延拓部分，2007—2013 年为右端延拓部分。在 1971—2006 年共 36 年数据中，模型的率定期为 25 年，检验期为 11 年，模型构建经过了交叉验证。将这两个时间段内唐县气象站年降雨量实测数据与延拓结果进行对比，延拓结果及延拓误差分别见图 8.2 – 3 和表 8.2 – 3。

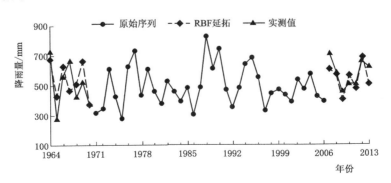

图 8.2 – 3　唐县气象站年降雨量原始序列及延拓结果

表 8.2-3　　　　　　　　唐县气象站年降雨量延拓误差

左　端	1964 年	1965 年	1966 年	1967 年	1968 年	1969 年	1970 年
标准序列/mm	738.70	284.40	570.70	667.70	427.90	529.10	380.70
RBF 延拓/mm	678.40	431.80	631.90	467.40	509.20	662.30	376.60
相对误差/%	−8.16	51.83	10.72	−30.00	19.00	25.17	−1.08
右　端	2007 年	2008 年	2009 年	2010 年	2011 年	2012 年	2013 年
标准序列/mm	714.30	596.70	462.60	510.10	506.50	671.80	626.40
RBF 延拓/mm	608.14	573.52	401.65	568.38	481.73	691.61	512.15
相对误差/%	−14.86	−3.88	−13.17	11.42	−4.89	2.95	−18.24

　　结合图 8.2-3 和表 8.2-3 可知，原始序列向右延拓所得的 7 年数据中，2007 年、2009 年、2010 年、2011 年和 2012 年每一年的延拓值都成为了新的极值点，这些极值点均符合实测数据变化趋势，最大相对误差为−18.24%；左端延拓得到了 1965 年、1966 年、1967 年及 1969 年 4 个极值点，其中 1966 年和 1967 年的极值点与实测数据趋势不一致，误差分别为 10.72% 和 −30.00%，另外两个极值点则基本符合实测序列的趋势。从整体看，RBF 神经网络模型尽管存在两个偏差较大的点，但左右两端的延拓基本上可以反映标准序列的大概趋势。

8.2.2.3　年降雨量分解结果

1. 结果对比

　　应用 CEEMDAN 方法分别分解延拓序列和标准序列，分解结果如图 8.2-4所示。其中延拓序列和标准序列中两端的数据，即 1964—1970 年和 2007—2013 年数据系列为在 CEEMDAN 分解过程中被端点效应"污染"的数据，故分解后将这两部分失真的数据抛弃而保留受端点效应影响较小的部分。以标准序列的分解结果作为基准来评判延拓序列的分解精度。

　　由图 8.2-4 可知，延拓序列以及标准序列均被 CEEMDAN 分解得到 5 层分量。将两组序列的每一层分量进行对比可以看出，在 IMF1 分量和 IMF2 分量中，延拓序列与标准序列的分解结果几乎完全重合，端点效应造成的误差基本没有显现，RBF 神经网络延拓序列的分解结果可以完美表示高频分量的波动特征。在 IMF3 分量和 IMF4 分量中，延拓序列的分解结果仍与标准值有大范围的重合，在局部仅有幅值上的差异，但相差不大，且变化趋势、准周期等信息仍然与标准序列保持一致，RBF 神经网络数据延拓将端点效应造成的误差控制在较小范围内，保证了 CEEMDAN 分解的结果准确，精度可靠。最后两组 RES 趋势项均反映了年降雨量序列在长时间尺度上的下降趋势，两组序列趋势变化基本相同，仅幅值有所偏差，RBF 神经网络延拓序列的分解结果在最后一层分量上体现的信息仍然真实有效。

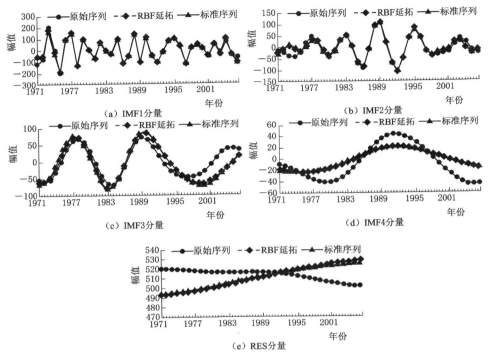

图 8.2-4　唐县气象站年降雨量序列 CEEMDAN 分解结果

　　总体而言，年降雨量原始序列经过 RBF 神经网络数据延拓后，CEEMDAN 分解过程中的端点效应并没有导致与延拓序列分解结果失真，分解误差被控制在合理范围内。因此，延拓序列的分解结果可以真实反映数据的变化规律，为年降雨量的多周期分析和精准预测提供可靠基础。

　　2. 分解误差

　　本书选择相关系数 r 和决定系数 R^2 作为序列相关性评价指标，以及均方根误差 $RMSE$ 和平均绝对误差 MAE 作为误差评价指标，以标准序列分解结果为基准来定量评价各组序列的分解效果。

　　CEEMDAN 分解后原始序列和延拓序列各分量分解误差见表 8.2-4。

表 8.2-4　　　　　　　　　原始序列与延拓序列各分量分解误差

评 价 指 标		R^2	r	$RMSE$	MAE
IMF1 分量	无延拓	0.99	0.99	3.90	2.81
	RBF 神经网络延拓	0.99	0.99	1.94	1.45
IMF2 分量	无延拓	0.94	0.97	11.74	8.38
	RBF 神经网络延拓	0.99	0.99	2.43	1.89

续表

评 价 指 标		R^2	r	RMSE	MAE
IMF3 分量	无延拓	−0.09	0.47	26.14	15.54
	RBF 神经网络延拓	0.99	0.99	2.06	1.64
IMF4 分量	无延拓	0.81	0.91	9.25	7.00
	RBF 神经网络延拓	0.96	0.99	3.99	3.45
RES 分量	无延拓	0.89	0.97	26.08	15.26
	RBF 神经网络延拓	0.99	0.99	2.04	1.68

由表 8.2-4 可知，在 IMF2、IMF3、IMF4 分量上，RBF 神经网络延拓序列的均方根误差 RMSE、决定系数 R^2 和平均绝对误差 MAE 等参数相比于无延拓的原始序列都有了明显改善，分解精度显著提高。在 IMF1 分量上，两者都具有较高精度，对原始数据进行延拓没有十分明显的优势；延拓序列中 RES 趋势项的误差更小。整体而言，延拓序列的分解精度明显优于无延拓的原始序列。

第9章

水文要素时间序列预测研究

9.1 研究内容与方法

　　水文要素时间序列具有明显的非平稳性和非线性特征，采用单个预测模型直接对原始序列进行预测很难达到理想精度。一方面是由于每个数据驱动的预测模型都有其独特的适用条件和优缺点，而复杂数据序列中蕴含的对模型选择有帮助的信息往往比较隐蔽，对其直接采用某种预测模型进行预测可能会由于模型选择失误而带来较大偏差。因此，运用单一模型对水文序列进行预测在选择模型时会产生一定的风险。另一方面，水文序列中数据的波动随机性很强，变化规律难以把握，传统的单个预测模型很难构建理想的预测方程来完全准确把握这种随机波动。或者说，造成原始水文序列随机波动的成因比较复杂，其变化过程受多种因素影响，控制水文变量发生变化的复杂成因很难用单一模型进行解释，因此水文序列本身的随机性和复杂性决定了单一数值预测模型很难稳定地取得理想的预测效果。综上所述，要想运用数据驱动预测模型较好地预测非平稳性、非线性较强的水文要素序列，首先需要对原始数据进行解析，挖掘有用的模型选择信息，从杂乱复合的随机波动特征中分离出多维的、确定性较强的波动规律，然后充分利用解析原始数据所得的有用结论，对多维信息针对性地构建不同的预测模型，将各个模型的预测能力发挥到最大，最后汇总得到组合预测模型，达到高效、合理预测的目的，提高预测精度。

　　预测模型构建思路已被广泛应用。其中，许多文章对分解后分解结果的预测方法进行了深入研究以提升预测精度，并取得了一系列成果。但是，在"分解""预测"和"重构"过程中，不仅仅需要在"预测"阶段通过选择合适的模型对预测结果的精度进行优化,"分解"过程中也需要对分解精度进行控制,来保证分解结果可以真实、有效地反映原始数据中蕴含的细部波动特征。只有分解结果能够准确把握原始数据在微观尺度上的变化规律,针对分解结果构建的预测模型才能做到有效预测,使最终预测结果符合实际波动规律,达到精准预测的目的。因此,分解结果作为预测模型的输入对最终预测结果有显著影响,在构建"分解-预测-重构"模型时需要进行考虑。

根据上一部分的研究成果,在传统"分解-预测-重构"组合预测模型的基础上提出"延拓-分解-预测-重构"的模型构建思路。并结合这种思想分别构建基于 CEEMDAN 分解与权重优化的组合预测模型、基于混合分解与模型选择的组合预测模型,分别对不同的水文变量进行预测,将各模型的预测结果与未延拓原始序列的模型预测结果对比,探讨数据延拓对组合预测模型预测效果的影响;将所构建模型的预测结果与其他传统水文预测模型的预测结果对比,分析不同模型的实际预测效果。

9.1.1 ARIMA 模型

差分整合移动平均自回归(autoregressive integrated moving average,ARIMA)模型[193]又称整合移动平均自回归模型,是一种时间序列分析、预测模型。该模型在 ARMA 模型的基础上进一步发展,通过对非平稳的时间序列进行差分将其转化为平稳序列进而实现复杂非平稳序列的拟合及预测。与其他自回归模型一样,ARIMA 模型通过把握自身历史数据随时间的变化规律来对后续的变化进行预测,即在拟合期内模型的拟合效果在一定程度上决定了其后续的预测效果。拟合效果越好,说明模型对时间序列变化规律的把握越准确,预测也就越可靠,反之如果不能准确把握其变化规律,预测精度将无法得到保证。ARIMA 模型具体的建模方法及步骤在文献[193]中已有详细介绍,本书不再赘述。

9.1.2 RBF 神经网络模型

RBF 神经网络模型[194]是以函数逼近理论为基础构建的一种三层前向网络,其基本原理是任意函数"$y(x)$"都可以近似表示为一系列非线性径向基函数"$g(x)$"的线性组合,使原来线性不可分的问题变得线性可分。因此,它能够以任意精度逼近任意非线性连续函数,相比于 BP 神经网络还具有收敛速度快、不易陷入局部极小点、鲁棒性好和易于实现等优点,该方法在有关非平稳、非线性序列的预测研究中已经得到广泛应用。

9.1.3　SVM 模型

支持向量机（Support Vector Machines，SVM）模型[195]是一种结构风险最小化的统计学习方法，是基于分类边界的方法，主要应用于小样本分类，用于回归的时候称为支持向量回归。SVM 模型大致分为线性可分、线性不可分和非线性三种情况。第一种情况是通过最大化边缘的超平面来实现的；第二种情况是通过定义松弛变量，存放到边缘的离差来实现的；第三种情况是将其低维空间中的点映射到新的高维空间，可以用适当的核函数，将其转换成线性可分，然后辨别分类的边界，从而大大避免维数灾难问题。即支持向量机的主要思想是通过非线性变换将输入空间变换到高维特征空间，再求出最优线性分类面。支持向量机也是一种神经网络，它对分类和预测作出了巨大贡献，得到国内外诸多研究人员的高度重视，并将其理论在多个领域应用，如在文本分类、语音方面、数据挖掘、序列预测范畴都有广泛应用。

9.2　基于权重优化的组合预测

仅选择一种预测模型可能无法完全表现该分量的变化规律，而其他预测模型中的有用信息则可以作为单一模型的补充以提升预测精度。因此，不同模型利用数据信息的机制存在差异导致各个模型的预测角度不同，而不同预测模型从不同角度对原始序列进行的预测可以帮助我们确定最合理、最准确的最终预测结果。本节根据以上思路提出一种基于 CEEMDAN 分解和权重优化的组合预测模型，利用权重优化和组合预测的思想，集合三种预测机制不同的预测模型——ARIMA 模型、RBF 神经网络模型和 SVR 模型，针对每个分量采用混沌粒子群优化算法（chaos particle swarm optimization，CPSO）根据不同模型的测试结果获得各个模型的权重系数，构建各个分量的预测模型，最终汇总得到整体的组合预测模型。

构建模型的过程中仍然考虑端点效应影响，沿用"延拓-分解-预测-重构"思路，采用 RBF 神经网络延拓技术对原始序列进行延拓后再开始 CEEMDAN 分解，以提高分解精度，改善预测效果。并与未延拓原始序列的预测结果进行对比，进一步讨论 RBF 神经网络延拓技术对组合模型的优化能力。

9.2.1　模型构建

本节提出一种基于多种模型权重优化的组合预测模型，它集成了 RBF 神经网络延拓、CEEMDAN 分解技术、多个数据驱动预测模型和混沌粒子群优化算法。主要建模思路为：使用 RBF 数据延拓技术和 CEEMDAN 方法对原始数据进行处理，得到平稳性较好的多组分量，结合三种不同模式的数据预测方法（ARIMA 模型、RBF 神经网络模型和 SVR 模型）的分量预测效果，以平均绝对误差 MAE 为标准，通过粒子群优化算法分别优选适合各组分量的最佳权重来综合三种预测模型的优点，进而确定最终组合预测模型。该组合预测模型排除了对分量选择单个模型带来的预测风险，利用多个模型的预测优势对分量预测结果进行优化，实现最终预测结果精度的提升。基于权重优化的组合预测模型建模过程如图 9.2-1 所示。

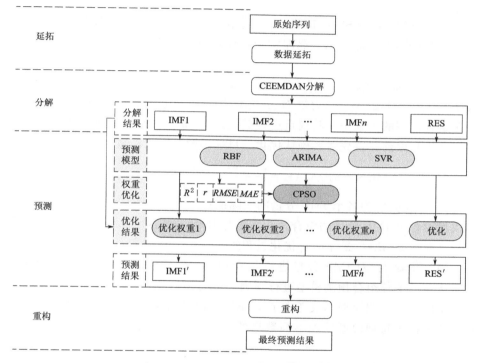

图 9.2-1　基于权重优化的组合预测模型建模过程

具体建模步骤如下所述：

（1）步骤 1：原始序列延拓。为抑制 CEEMDAN 分解过程中出现的端点效应问题，先将原始水文序列进行 RBF 神经网络延拓得到延拓序列，以保证分解结果准确可靠。

（2）步骤 2：CEEMDAN 分解。将利用 RBF 神经网络延拓获得的延拓序列进行 CEEMDAN 分解，得到具有不同周期的 IMF 分量和残差项 RES 分量。

（3）步骤 3：对各分量进行组合预测。提出一种基于权重优化的组合预测模型来综合多个基础预测模型的预测结果，即利用 M 种类型的预测模型进行预测，通过混沌粒子群优化算法选择适当的权重系数将几种预测结果叠加分别得到各分量的最终预测结果。

首先，将 CEEMDAN 分解得到的每个分量都分为模拟期和预测期两段，模拟期数据用来构建合适的 ARIMA 模型、RBF 神经网络模型和 SVR 模型。建模完成后，各个模型对预测期数据进行预测。然后利用相关系数 r、决定系数 R^2、均方根误差 $RMSE$ 和平均绝对误差 MAE 对模型预测效果进行评价。其中，选择平均绝对误差 MAE 作为混沌粒子群优化算法的寻优标准进行权重优化。

$P_{\text{model}}(\text{Model} = \text{SVR}, \text{RBF 神经网络}, \text{ARIMA})$ 为多个预测模型对每个 IMF 分量的组合预测结果。混沌粒子群优化算法的组合模型的预测结果可以表示为

$$Output_{\text{CPSO}}^{\text{IMF}} = w_1 \times P_{\text{model1}} + w_2 \times P_{\text{model2}} + w_3 \times P_{\text{model3}} \quad (9.2-1)$$

式中：$w_i (i = 1, 2, \cdots, N)$ 为第 N 个模型的权重系数的值，即根据每个单项模型对组合模型的贡献来对其权重进行赋值，w_i 取 $[-2, 2]$ 之间的值。

在优化之前，首先需要确认优化的目标函数。目标函数如下：

$$\text{MinS} = \text{MinMAE} = \frac{\sum |Output_{\text{ture}}^{\text{IMF}} - Output_{\text{CPSO}}^{\text{IMF}}|}{n} \quad (9.2-2)$$

式中：$Output_{\text{ture}}^{\text{IMF}}$ 为各个 IMF 分量的实际值；n 为预测数据的个数，当多个预测模型对每个 IMF 分量的组合预测结果与 IMF 分量的实际值差距最小时，即平均绝对误差 MAE 最小时，优化过程终止。

（4）步骤 4：对 IMF 分量进行组合预测。对 CEEMDAN 分解结果运用权重优化的最佳组合预测模型进行预测，得到各个分量的预测结果。在步骤 3 中选出的最佳预测模型不仅考虑了 CEEMDAN 分解结果各分量的不同变化规律，还发挥了每种模型处理不同数据的独特优势，保证了分量预测的合理性和准确性。

（5）步骤 5：汇总预测结果。叠加步骤 4 获得每个 IMF 分量的权重优化预测结果以获得最终预测值。

9.2.2　模拟预测

本节选择以大清河流域山区唐县气象站 1964—2013 年的实测年降雨量资料为研究对象，截取 1971—2006 年共 46 年降雨数据作为本次研究的原始序列。构建基于 RBF 神经网络数据延拓、CEEMDAN 方法和权重优化的"延拓-分解-预测-重构"组合预测模型实现对唐县气象站年降雨数据的有效预测。将预测结果与无延拓原始序列直接采用组合预测模型的预测结果进行对比，讨论 RBF 神经网络数据延拓技术对基于 CEEMDAN 方法的组合预测模型的改进效果。

9.2.2.1 数据延拓及分解

唐县气象站年降雨量原始序列的延拓及分解结果在本书 8.2.2 小节已经进行了讨论，这里直接选用原始序列和 RBF 神经网络延拓序列的分解结果进行后续工作。

9.2.2.2 组合模型构建

将分量分为模拟期和预测期，模拟期为 1971—2001 年，预测期为 2002—2006 年。利用模拟期数据分别构建 ARIMA 模型、RBF 神经网络模型和 SVR 模型，运用这些模型对预测期数据进行预测，预测精度采用相关系数 r 和决定系数 R^2 两个序列相关性评价指标，以及均方根误差 $RMSE$ 和平均绝对误差 MAE 两个误差评价指标进行定量评价。各个分量预测模型的预测结果及误差评价见表 9.2-1。

表 9.2-1　　　　　　　　　预测结果及误差评价

模　型	评价指标	IMF1 分量	IMF2 分量	IMF3 分量	IMF4 分量	RES 分量
ARIMA	R^2	−0.02	0.70	0.89	0.79	0.99
	r	0.19	0.91	0.96	0.98	0.99
	$REMS$	69.05	11.59	8.41	2.14	0.06
	MAE	59.25	9.55	7.69	1.50	0.04
RBF	R^2	0.25	0.23	0.91	0.99	0.97
	r	0.64	0.75	0.99	0.99	0.99
	$REMS$	59.14	18.57	7.41	0.11	0.22
	MAE	49.30	16.20	5.34	0.09	0.15
SVR	R^2	−0.18	0.35	0.82	0.99	0.96
	r	0.05	0.72	0.96	0.99	0.99
	$REMS$	74.32	17.03	10.98	0.40	0.25
	MAE	66.46	15.03	9.10	0.33	0.19

选择平均绝对误差 MAE 作为混沌粒子群优化算法的优化标准计算各个预测模型的最优权重。混沌粒子群算法权重优化结果见表 9.2-2。

表 9.2-2　　　　　　　混沌粒子群算法权重优化结果

分　量	评价指标	模　型			
		ARIMA	RBF	SVR	混合模型
IMF1 分量	权重	0.42	0.61	−0.04	
	MAE	59.25	49.30	66.46	31.99
IMF2 分量	权重	0.69	0.23	0.07	
	MAE	9.55	16.19	15.03	6.06
IMF3 分量	权重	0.296	0.581	0.123	
	MAE	7.69	5.34	9.10	1.29

续表

分　量	评价指标	模　型			
		ARIMA	RBF	SVR	混合模型
IMF4 分量	权重	−0.26	1.37	−0.11	
	MAE	1.50	0.09	0.33	0.04
RES 分量	权重	0.87	0.32	−0.20	
	MAE	0.042	0.15	0.19	0.02

由表 9.2−1 及表 9.2−2 可知，经过混沌粒子群算法优化预测模型的权重后，各分量的平均绝对误差 MAE 均有所减小，分量预测精度获得提升。

9.2.2.3　分量预测

对原始序列及延拓序列的每一层分量分别进行预测，预测长度选为 7 年，预测年份为 2007—2013 年。虽然标准序列中包含了 2007—2013 年的实测数据，但其位于序列右端，受 CEEMDAN 分解过程中端点效应的影响，这些年份的分解结果可能产生误差，无法准确表示分量的实际变化规律，因此没有将其作为预测期的标准来判断分量预测结果的优劣。在各层分量中，将延拓序列的预测结果称为预测 1，将原始序列的预测结果称为预测 2，本小节主要对两组预测的差异性进行分析和研究。

对各分量分别进行 ARIMA 模型、RBF 神经网络模型和 SVR 模型预测，根据以上权重优化结果对各个模型预测结果进行加权运算，获得每个分量的最终预测结果。各分量预测结果如图 9.2−2～图 9.2−6 所示。

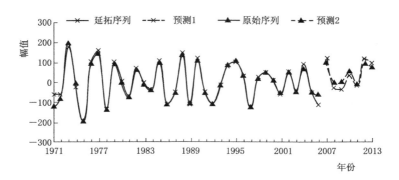

图 9.2−2　IMF1 分量预测结果

由图 9.2−2 可以看到，原始序列与延拓序列的预测结果变化趋势一致，预测值也相差不大。2010—2012 年预测 1 小于预测 2，这与 IMF1 分量中端点处延拓序列小于原始序列的特点一致。

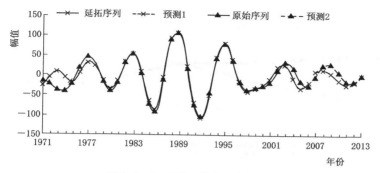

图 9.2 - 3　IMF2 分量预测结果

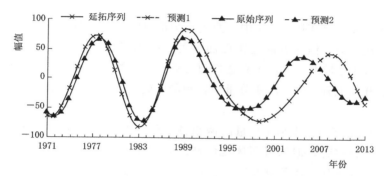

图 9.2 - 4　IMF3 分量预测结果

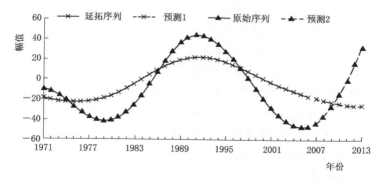

图 9.2 - 5　IMF4 分量预测结果

在图 9.2 - 3 中，原始序列和延拓序列的 IMF2 分量在中间部分有大范围的重合，但在右侧端点处的变化规律不一致，两组预测值的波动规律也出现了不同步现象，预测 2 的极值点出现时间滞后，与原始序列在右侧端点处的变化特征一致；预测 1 和预测 2 在首端和末端基本重合，在中部产生分离，原始序列预测值大于延拓序列的预测值。

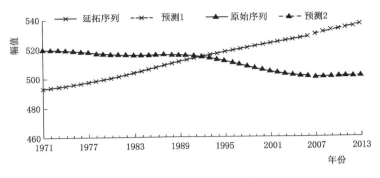

图 9.2 - 6　RES 分量预测结果

　　在图 9.2 - 3 和图 9.2 - 4 中，两组预测都反映了各自分量在本层特别是端点处的变化趋势，但两者的差距更加显著，所体现的波动规律也有较大的区别。在 IMF3 分量上，预测 1 到达峰值之后开始下降，而预测 2 先持续下降至最低点后开始上升；在 IMF4 分量中，预测 1 处于下降趋势而预测 2 处于明显的上升状态。

　　在图 9.2 - 5 中，IMF4 分量的两组预测结果都反映了原始序列和延拓序列各自的变化趋势，但两者所体现的波动规律也有较大的区别。预测 1 上升至峰值后出现下降，而预测 2 则一直处于下降状态。

　　由图 9.2 - 6 可知，原始序列和延拓序列的 RES 分量变化趋势相反，原始序列在右端为缓慢下降趋势，延拓序列为上升趋势，两组预测结果都反映了原始序列和延拓序列各自的变化趋势。

　　综上所述，IMF1 分量的预测结果基本一致，原始序列与延拓序列的预测差距主要体现在其他分量上，端点处的变化规律对这些分量的预测结果产生较大影响。另外，唐县气象站年降雨序列经过 CEEMDAN 分解后，中低频分量都较为平稳，非线性较弱，预测结果相对可靠，将差距不大的 IMF1 分量预测结果与其他分量可靠的预测结果进行重构后得到的最终预测可以真实、客观地反映两组序列的预测效果。

9.2.2.4　重构预测

　　将各层分量的预测 1 和预测 2 分别进行重构得到延拓序列预测结果和原始序列预测结果（图 9.2 - 7 及表 9.2 - 3）。RBF 神经网络延拓所得 2007—2013 年延拓结果即是对原始序列直接运用 RBF 神经网络模型得到的预测结果。这种预测方法并未对原始数据进行任何处理，是水文时间序列预测中常用的一般方法。在表 9.2 - 3 中加入 2007—2013 年延拓结果的相对误差与两组运用"分解-预测-重构"模式的预测结果进行对比研究。

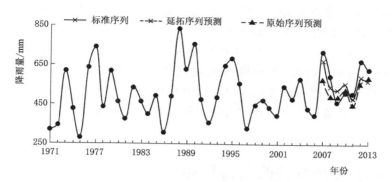

图 9.2-7　延拓序列及原始序列预测结果

表 9.2-3　　　　　　　　预测结果及相对误差绝对值

变量和误差	序　列	年　份							均值
		2007	2008	2009	2010	2011	2012	2013	
降雨量/mm	标准序列	714.30	596.70	462.60	510.10	506.50	671.80	626.40	584.05
	延拓序列预测	678.67	544.19	524.96	557.23	480.71	592.69	565.75	563.45
	原始序列预测	579.51	491.71	490.55	526.89	443.32	557.75	585.39	525.01
相对误差/%	RBF 神网络延拓	17.61	1.28	10.49	28.4	11.93	23.6	32.08	17.91
	延拓序列预测	4.99	8.8	13.48	9.24	5.09	11.78	9.68	9.01
	原始序列预测	19.87	18.59	7.04	4.29	12.47	17.98	6.55	12.40

　　从图 9.2-7 及表 9.2-3 中可以看出，原始序列及延拓序列预测值的波动规律均与标准序列一致，而预测精度有所差距。原始序列预测值始终小于延拓序列，与 IMF3 分量和 RES 分量的预测结果相符，这两组分量与其他分量预测结果叠加，导致了原始序列预测结果偏小。延拓序列预测值平均相对误差为 9.01%，在 2009 年和 2012 年相对误差超过 10%，分别为 13.48% 和 11.78%；原始序列预测值平均相对误差为 12.40%，在 2007 年、2008 年、2011 年和 2012 年的相对误差均超过 10%，相对误差分别为 19.87%、18.29%、12.47% 和 17.98%，延拓序列预测精度高于原始序列，RBF 神经网络延拓提高了预测模型的预测精度。采用 RBF 神经网络直接对唐县气象站降雨数据进行预测时，2012 年及 2013 年的相对误差均超过 20%，而在应用基于 CEEMDAN 方法的组合预测模型后，原始序列和延拓序列在这两年的预测值均小于 20%，预测效果得到优化，可以把预测误差控制在合理范围内。

　　在对原始序列直接运用 RBF 神经网络模型、"分解-预测-重构"模式、权重优化方法，以及运用"延拓-分解-预测-重构"模式和权重优化方法进行预测的结果中，采用 RBF 神经网络模型直接预测的效果最差，平均相对误差达到 17.91%；采用 CEEMDAN 分解-预测-重构模型和权重优化方法预测的平均相对误差为 12.40%，预测效果有所改善；采用 RBF 神经网络延拓-CEEMDAN 分解-预测-重构模型和权重优化方法预测的平均相对误差为 9.01%，预测精度进一步提高。因此运用 CEEMDAN 方法进行预测时，将原始序列进行合理延拓后再进行"分解-预测-重构"可以达到有效降低预测误差的目的。

9.3　基于混合分解的组合预测

在对水文序列进行 CEEMDAN 分解后，IMF1 分量仍然具有较强的非线特征，给预测带来困难。另外，IMF1 分量的波动幅度在整体数据中所占比重较大，对该分量进行预测带来的误差会对最终预测结果产生较大影响，因此需要对高频 IMF1 分量的预测效果进行优化以提升最终的预测精度。

对非线性较强的数据进行预测时可以采用时频分析方法对其进行分解来降低预测难度，根据这个思路本书在对原始水文序列进行 CEEMDAN 分解的基础上再对难以预测的 IMF1 分量进行简单分解，从而得到 IMF1 分量中蕴含的更加微观、更加平稳的数据变化规律，进而实现 IMF1 分量的精确预测。对原始序列进行多次分解的混合分解方法可以更加准确细致地把握原始序列细部的波动特征，对数据进行彻底的平稳化处理，使波动规律更加明确，为模型的选择和预测提供方便。

本节选择 CEEMDAN 方法和小波分解（wavelet transform，WT）的混合分解方法结合"延拓-分解-预测-重构"的模型构建思路和参数选择方法构建水文序列组合预测模型，以提高水文要素序列的预测精度。

9.3.1　模型构建

本节提出一种基于 RBF 数据延拓、混合分解和模型选择的组合预测模型，它集成了 RBF 数据延拓、CEEMDAN 分解和小波分解技术、多种数据驱动预测模型和模型选择方法。该模型首先使用 RBF 数据延拓技术和 CEEMDAN 方法对原始数据进行处理，得到具有不同周期的多组分量；再对高频、非线性较强的 IMF1 分量进行小波分解，得到更加微观、分解更加充分的若干分量，由于这些分量波动幅度在整体数据中占比较小且平稳性较强，也为了避免模型选择过程过于烦琐，因此对这些分量直接进行 SVR 模型预测。对经过 CEEMDAN 方法分解得到的其他分量，结合 ARIMA 模型、RBF 神经网络模型和 SVR 模型三种不同预测模式的数据预测方法在分量预测中的表现，来优选最适合各组分量的最佳预测模型。其中，选用相关系数 r、决定系数 R^2、均方根误差 $RMSE$ 和平均绝对误差 MAE 四种误差评价标准来判断分量预测过程中每种模型的优劣，排除人为主观选择预测模型的风险。为每个分量选出最优预测模型后，再继续进行分量的预测，最后将各分量的预测结果进行重构，获得最终预测值。基于混合分解的组合预测模型构建过程如图 9.3-1 所示。

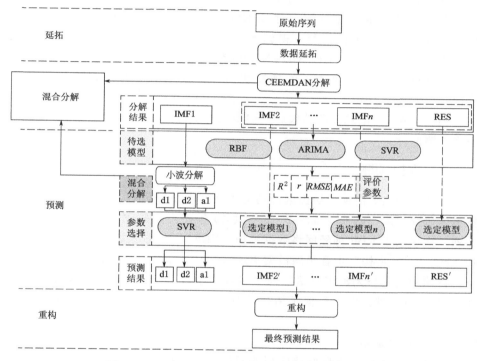

图 9.3-1　基于混合分解的组合预测模型构建过程

基于混合分解的组合预测模型的具体建模步骤如下：

（1）步骤 1：原始序列延拓。为抑制 CEEMDAN 分解过程中出现的端点效应问题，先将原始水文序列进行 RBF 神经网络延拓得到延拓序列，以保证分解结果准确可靠。

（2）步骤 2：混合分解。将利用 RBF 神经网络延拓获得的延拓序列进行 CEEMDAN 分解，得到具有不同周期的 IMF 分量和残差项 RES 分量。将非平稳性较强的 IMF1 分量继续进行小波分解，得到另外几组分量。

（3）步骤 3：最佳组合预测模型选择。对经 CEEMDAN 方法分解得到的除 IMF1 分量以外的分量选择最佳组合预测模型：首先，将 CEEMDAN 分解得到的分量分为模拟期和预测期两段，模拟期数据用来构建合适的 ARIMA 模型、RBF 神经网络模型和 SVR 模型。模型构建完成后，利用该模型对预测期数据进行预测。然后利用相关系数 r、决定系数 R^2、均方根误差 $RMSE$ 和平均绝对误差 MAE 对模型预测效果进行评价。根据误差评价指标的大小选出预测结果最优的模型作为该分量的最终预测模型。汇总整理各个分量的最佳预测模型，最终得到最佳组合预测模型。

（4）步骤 4：对各分量进行组合预测。对 IMF1 分量经小波分解得到的分量直接进行 SVR 模型预测，对 CEEMDAN 分解得到的其他分量用优选的最佳组合预测模型进行预测，得到各个分量的预测结果。步骤 3 选出的最佳预测模型不仅考虑了 CEEMDAN 分解结果各分量的不同变化规律，还发挥了每种模型处理不同数据的独特优势，保证了分量预测的合理性和准确性。

（5）步骤 5：汇总预测结果。叠加步骤 4 获得每个分量的预测结果以获得最终预测值。

9.3.2　模拟预测

本节选择以大清河流域山区倒马关水文站 1956—2014 年的实测年径流量资料为研究对象，截取 1963—2007 年共 45 年径流数据作为本次研究的原始序列。构建基于 RBF 神经网络数据延拓、CEEMDAN 方法和权重优化的"延拓-分解-预测-重构"组合预测模型实现对倒马关水文站年径流数据的有效预测。将预测结果与无延拓原始序列直接采用组合预测模型的预测结果进行对比，讨论 RBF 神经网络数据延拓技术对基于 CEEMDAN 方法的组合预测模型的改进效果。

9.3.2.1　数据延拓

倒马关水文站径流量原始序列的延拓及分解结果在本书 8.2 小节已经进行了讨论，这里直接选用原始序列和 RBF 神经网络延拓序列的分解结果进行后续的分量预测工作。由 8.2.1 节的结论可知，RBF 神经网络延拓可以有效抑制端点效应，提高分解精度，特别是在端点处，RBF 神经网络延拓序列的分解结果能够很好地模拟实际的变化规律，反映数据的波动趋势，为分量的精准预测提供保障。

9.3.2.2　组合模型构建

将 CEEMDAN 方法分解所得分量分为模拟期和预测期两段，模拟期为 1963—2001 年，预测期为 2002—2007 年。利用模拟期数据分别构建 ARIMA 模型、RBF 神经网络模型和 SVR 模型，运用这些模型对预测期数据进行预测，预测精度采用相关系数 r 和决定系数 R^2 两个序列相关性评价指标，以及

均方根误差 $RMSE$ 和平均绝对误差 MAE 两个误差评价指标进行定量评价。各个分量预测期内的预测结果及误差评价见表 9.3 - 1，组合预测模型选择结果见表 9.3 - 2。

表 9.3 - 1 　　　　　　　　　　　预测结果及误差评价

预测模型	评价指标	延 拓 后 分 量				
		IMF1	IMF2	IMF3	IMF4	RES
ARIMA	R^2	0.22	−13.58	0.83	1.00	1.00
	r	0.47	−0.11	0.98	1.00	1.00
	$REMS$	11.48	20.92	3.23	0.36	0.10
	MAE	8.85	19.47	2.93	0.31	0.07
RBF	R^2	0.41	0.34	0.72	1.00	1.00
	r	0.80	0.81	0.94	1.00	1.00
	$REMS$	20.07	4.46	4.15	0.59	0.30
	MAE	15.27	4.22	3.13	0.48	0.23
SVR	R^2	0.41	−9.59	0.82	0.96	1.00
	r	0.75	−0.05	0.98	1.00	1.00
	$REMS$	9.96	17.83	3.32	1.24	0.14
	MAE	8.20	14.23	2.99	1.09	0.13

表 9.3 - 2 　　　　　　　　　　　模 型 选 择 结 果

分　量	预测模型	评 价 指 标			
		R^2	r	$REMS$	MAE
IMF1	SVR	0.41	0.75	9.96	8.20
IMF2	RBF	0.34	0.81	4.46	4.22
IMF3	SVR	0.82	0.98	3.32	2.99
IMF4	ARIMA	1.00	1.00	0.36	0.31
RES	ARIMA	1.00	1.00	0.10	0.07

由表 9.3 - 1 和表 9.3 - 2 可知，在对 IMF1 分量和 IMF3 分量进行预测的模型中，SVR 模型预测精度最高；对 IMF2 分量采用 RBF 神经网络模型预测可以获得最高的预测精度；ARIMA 模型对低频 IMF4 分量和 RES 分量的预测效果最好。因此，针对 CEEMDAN 方法获得的各个分量，构建组合预测模型的具体方案为：对 IMF1 分量和 IMF3 分量采用 SVR 模型预测，对 IMF2 分量采用 RBF 神经网络模型预测，对 IMF4 和 RES 分量采用 ARIMA 模型预测。

9.3.2.3 小波分解

将 IMF1 分量进行小波分解，对多种小波分解方案进行对比。为使分解所得的各分量具有较平稳的波动特征且分解层数尽量较少，选择常用的 db4 小波进行小波分解，分解层数为三层。IMF1 分量经小波分解后得到 a2、d2 和 d1 三组分量，如图 9.3－2～图 9.3－4 所示。

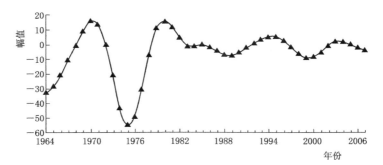

图 9.3－2 IMF1 分量经小波分解得到的 a2 分量

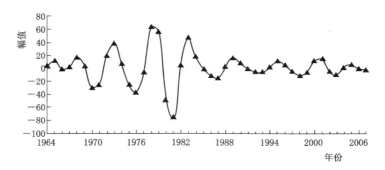

图 9.3－3 IMF1 分量经小波分解得到的 d2 分量

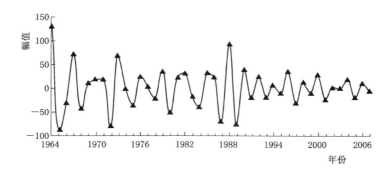

图 9.3－4 IMF1 分量经小波分解得到的 d1 分量

由图 9.3-2~图 9.3-4 可知，对 IMF1 分量进行小波分解后得到的各分量波动特征更加平稳，特别是在 1990 年之后，分量的变化规律趋于稳定且更加易于把握，对后续的模型预测帮助很大。

9.3.2.4　分量预测

1. CEEMDAN 分解结果分量预测

对原始序列及延拓序列的每一层分量分别进行预测，预测长度选为 7 年，预测年份为 2008—2014 年。在各层分量中，将延拓序列的预测结果称为预测 1，将原始序列的预测结果称为预测 2，本小节主要对预测结果差异性进行分析和研究。

IMF1 分量和 IMF3 分量采用 SVR 模型预测，IMF2 分量采用 RBF 神经网络模型预测，IMF4 分量和 RES 分量采用 ARIMA 模型预测，结果如图 9.3-5~图 9.3-9 所示。

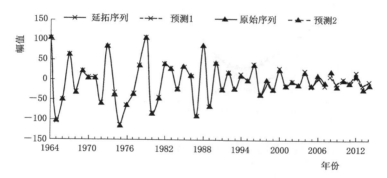

图 9.3-5　IMF1 分量预测结果

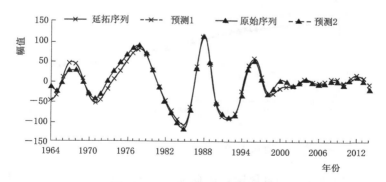

图 9.3-6　IMF2 分量预测结果

从图 9.3-5 中可以看到，IMF1 分量原始序列与延拓序列的预测结果变化趋势一致，预测值也相差不大。但 IMF1 分量的波动特征比较复杂，直接

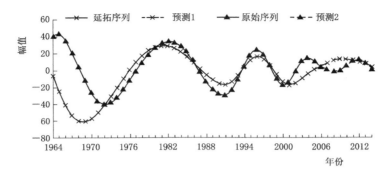

图 9.3 - 7　IMF3 分量预测结果

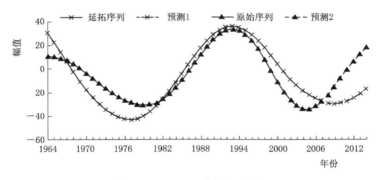

图 9.3 - 8　IMF4 分量预测结果

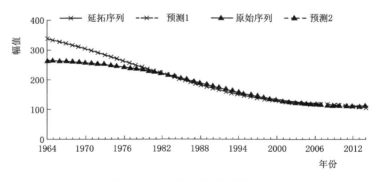

图 9.3 - 9　RES 分量预测结果

对其进行模型预测具有一定风险，因此需要对其进行进一步分解，充分挖掘该分量中蕴含的波动信息和变化规律，实现更加有效的预测。

在图 9.3 - 6 中，原始序列和延拓序列的 IMF2 分量在中间部分和右端有大范围的重合，导致其预测结果仍然没有明显区别，该分量重构造成的差异很难体现在最终预测结果中。

在图9.3-7中，两组序列的波动规律出现了明显差异，分量的预测结果体现了各自的变化趋势。预测1波动周期明显偏大，上升到极大值后开始缓慢下降；预测2波动周期偏小，在极小值处上升至极大值后又出现下降趋势。

在图9.3-8中，IMF4分量两组预测结果的差距更加显著，预测1的波动周期较长，先下降到极小值点后开始上升，预测2则一直处于上升状态，上升幅度明显大于预测1，导致预测2的值始终在预测1上方。

由图9.3-9可知，原始序列和延拓序列的RES趋势项趋势基本一致，在长周期上呈缓慢下降态势，两组预测结果均继承了这种变化状态，预测值基本重合。

综上所述，IMF1分量、IMF2分量和RES趋势项的预测结果基本一致，原始序列与延拓序列的预测差距主要体现在其他分量上，端点处的变化规律对这些分量的预测结果产生较大影响。另外，大清河流域山区倒马关水文站年径流量序列经过CEEMDAN分解后，中低频分量都较为平稳，非线性较弱，预测结果相对可靠，将分量预测结果进行重构后得到的最终预测可以真实、客观地反映两组序列的预测效果。

2. 小波分解结果分量预测

对IMF1分量进行小波分解后得到的d1，d2和a2三组分量分别进行SVR模型预测，预测结果如图9.3-10～图9.3-12所示。

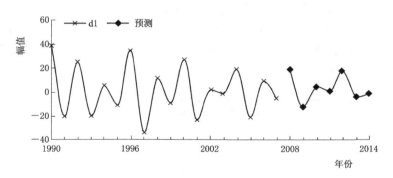

图9.3-10　d1分量预测结果

由图9.3-10～图9.3-12可知，IMF1分量小波分解中各分量的预测结果均较好地反映了该分量本身在1990年之后的波动规律，预测结果的可靠性较高。

9.3.2.5　重构预测

将CEEMDAN分解得到的各层分量的预测1和预测2分别进行重构得到

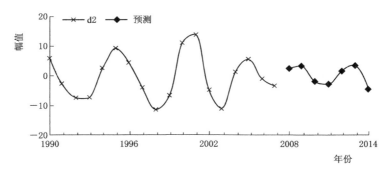

图 9.3 - 11　d2 分量预测结果

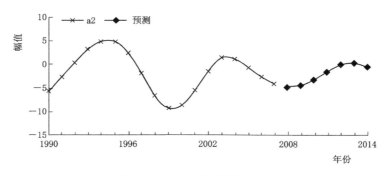

图 9.3 - 12　a2 分量预测结果

延拓序列预测结果和原始序列预测结果，两者均为基于模型选择的组合预测模型得到的径流量预测结果；将 IMF1 分量由小波分解得到的三组分量的预测结果与 IMF2、IMF3、IMF4 和 RES 分量的预测 1 重构得到延拓序列混合分解预测结果，具体见图 9.3 - 13 及表 9.3 - 3。RBF 神经网络延拓所得的

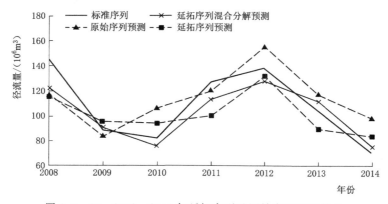

图 9.3 - 13　2008—2014 年延拓序列及原始序列预测结果

2008—2014 年延拓结果即是对原始序列直接运用 RBF 神经网络模型得到的预测结果。这种预测方法并未对原始数据进行任何处理，是水文时间序列预测中常用的一般方法。在表 9.3-3 中加入 2008—2014 年延拓结果的相对误差与运用"分解-预测-重构"模式的预测结果进行对比研究。

表 9.3-3　　　　　　　　预测结果及相对误差绝对值

变量和误差	序　列	年　份							均值
		2008	2009	2010	2011	2012	2013	2014	
径流量 /(10⁶m³)	标准序列	145.59	88.73	82.04	127.00	138.48	103.17	70.43	107.92
	混合分解预测	122.29	90.17	75.60	113.32	128.31	111.63	75.24	102.36
	延拓序列预测	115.44	95.70	93.91	100.66	132.40	89.71	83.34	101.59
	原始序列预测	117.95	83.58	106.16	121.18	155.26	117.27	98.14	114.22
相对误差 /%	RBF 延拓	17.61	8.04	10.49	28.39	11.92	23.60	32.08	18.88
	混合分解预测	16.00	1.63	7.84	10.77	7.35	8.20	6.83	8.37
	延拓序列预测	20.71	7.86	14.47	20.74	4.39	13.05	18.34	14.22
	原始序列预测	18.98	5.80	29.41	4.58	12.12	13.67	39.35	17.70

从图 9.3-13 及表 9.3-3 中可以看出，三组预测结果的变化趋势与标准序列基本一致，仅在 2009 年原始序列的预测结果与标准序列不同步，极小值点出现时间提前，导致 2010 年的相对误差达到 29.41%。延拓序列混合分解模型得到的预测结果与标准序列最为接近，平均相对误差为 8.37%，其中最大相对误差为 16.00%，出现在 2008 年，其他各点的相对误差基本控制在 10% 以内。未进行混合分解的情况下，延拓序列预测结果优于原始序列预测结果，平均相对误差由 17.70% 减少到了 14.22%，预测精度的整体改善并不十分明显。但是在原始序列预测结果中，2010 年和 2014 年的相对误差达到了 29.41% 和 39.35%，与标准序列差距较大，在原始序列预测结果中，这两年的相对误差被控制到了 20% 以内，分别为 14.47% 和 18.34%。因此，对原始序列进行 RBF 神经网络延拓可以将预测误差控制在一定范围内，避免出现误差过大的现象。对 IMF1 分量进行小波分解后再预测重构的情况下，平均相对误差可以得到进一步优化，由 14.22% 减少至 8.37%，减少了近 6 个百分点，模型预测能力大大增强。由此可见，混合分解方法可以有效提升高频分量的预测精度进而改善最终预测结果。

在对原始序列直接运用 RBF 神经网络模型、"分解-预测-重构"模式和模型选择方法、"延拓-分解-预测-重构"模式和模型选择方法以及"延拓-混合分解-预测-重构"模式和模型选择方法进行预测的结果中，采用 RBF 神经网络模型直接预测的效果最差，平均相对误差达到 18.88%；采用"CEEM-

DAN 分解-预测-重构”模型和模型选择方法进行预测的平均相对误差为 17.77％，预测效果改善并不明显；采用“RBF 神经网络延拓-CEEMDAN 分解-预测-重构”模型和模型选择方法进行预测的平均相对误差为 14.22％，预测精度进一步提高；采用“RBF 神经网络延拓-混合分解-预测-重构”模型和模型选择方法进行预测的平均相对误差为 8.37％，预测效果再次得到明显改善。因此运用 CEEMDAN 方法进行预测时，将原始序列进行合理延拓后再进行“混合分解-预测-重构”可以达到有效降低预测误差，提升预测精度的目的。

第 10 章

结　论

10.1　水文气象要素时空变异性评价

以大清河流域为研究区域，对大清河流域山区和平原区的降雨、气温、蒸发、径流和地下水埋深等水文气象要素进行时空变异分析，探究其在时空上的演变规律与特征，了解其在时间变异、空间变异以及时空变异中的变异测度，所取得的研究成果如下：

（1）在时间变异中，大清河流域降雨在时间上不存在变异；大清河流域气温、蒸发量、平原区地下水埋深和山区径流量分别在 1993 年、1983 年、2009 年和 1979 年发生了跳跃变异，且分别呈现增加、减少、降低和锐减的趋势。在时间变异指标的重要程度中，跳跃变异＞趋势变异＞周期变异，且在跳跃变异中显著性的重要程度排序为跳跃变异＞变异强度＞变异数目；在趋势变异中，趋势变异显著性的重要程度大于趋势变异强度；在周期变异中，变异前多时间尺度熵值和变异后多时间尺度熵值对周期变异的重要性几乎相同。平原区气温在时间变异上的得分为 0.67，为较强的时间变异；山区气温在时间变异上的得分为 0.43，为一般的时间变异。平原区地下水埋深在时间变异上的得分为 0.29，为弱时间变异；山区径流在时间变异上的得分为 0.61，为较强的时间变异。

（2）在空间变异中，大清河流域的降雨量、气温、蒸发量、地下水埋深和径流量均具有中等程度的空间自相关性。平原区和山区气温在空间变异上的得分分别为 0.70 和 0.60，均为较强的空间变异。平原区蒸发量在空间变异上的得分为 0.63，为较强的空间变异；山区蒸发量的得分为 0.37，为弱空间变异。平原区地下水埋深在空间变异上的得分为 0.53，为一般程度的空间变异；山区径流量在空间变异上的得分为 0.29，为弱空间变异。

（3）在时空变异中，平原区气温得分为 0.69，为较强的时空变异；山区气温得分为 0.52，为一般的时空变异，且平原区气温在时间变异和空间变异中所占权重分别为 0.49 和 0.51，山区气温在时间变异和空间变异上的权重分别为 0.42 和 0.58。平原区蒸发量得分为 0.67，为较强的时空变异；山区蒸发量得分为 0.34，为弱时空变异，且平原区蒸发量在时间变异和空间变异上的权重分别为 0.53 和 0.47，山区蒸发量在时间变异和空间变异上的权重分别为 0.51 和 0.49。平原区地下水埋深的得分为 0.41，为一般程度的时空变异，且在时间变异和空间变异中所占的权重分别为 0.35 和 0.65；山区径流量时空变异的得分为 0.45，为一般程度的时空变异，且在时间变异和空间变异中所占的权重分别为 0.68 和 0.32。

10.2　降雨-径流关系演变及其驱动因素影响分析

从降雨-径流关系时空演变特点及其驱动因素的影响层面探究研究区变化规律，为变化环境下大清河流域山区降雨-径流关系研究提供参考，为大清河流域水资源保护及其可持续发展奠定理论基础，所取得的研究成果如下：

（1）大清河流域主要子流域丰枯遭遇概率的同步概率均高于异步概率，王快水库以上流域同步概率最低，仅为 52.3％。基于 Markov 相关理论构建降雨径流组合状态转移概率矩阵，发现各子流域内不论降雨属于任何状态，径流都更易转入较差的状态，随着时间的延续径流呈现下降趋势。丰枯遭遇概率中的同步概率与长期演变后的组合状态极限概率均可以在一定程度上反映子流域降雨-径流关系的受影响程度，初步判断各子流域中受人类活动等其他因素的影响程度由高至低为西大洋水库以上流域、紫荆关水文站以上流域、王快水库以上流域。

（2）较以时间为协变量的非一致性模型而言，以降雨为协变量的非一致性模型可以有效反映研究区径流序列动态变化过程，可明显体现研究区洪水发生时间；结合 FDC 曲线相关定义，发现阜平站径流高流量的出现次数及量级普遍降低，序列变化与生态赤字径流（低频高流量）变化相似，即研究区径流的下降趋势更多由暴雨洪水非一致性变化造成，非汛期降雨-径流关系不明显，基本呈现一致性变化。

（3）大清河流域山区不同区域驱动因素影响各异，其中降雨与蒸发、气温因素相关性较高，呈现负相关；依据 1980 年和 2000 年将时间序列分为 A、B、C 三个阶段，通过累积量斜率变化率比较法确定人类活动的贡献度，经验证人类活动对降雨-径流的影响逐渐增大，且明显发现各子流域受人类活动影响程度的比较与降雨-径流关系演变规律中的判断相一致。

（4）通过 Copula 联合分布概率值量化降雨-径流关系，进一步以地统计学为基础构建突变前后降雨-径流关系的空间变异，大清河流域山区降雨-径流关系突变后空间自相关性增强，西大洋水库以上流域及紫荆关水文站以上流域空间变异显著，与降雨-径流关系时间演变规律具有一定相似性；进一步以三个子流域为研究对象，三个子流域降雨-径流关系空间变异从大到小排序为：西大洋水库以上流域、王快水库以上流域、紫荆关水文站以上流域。

10.3 基于数据延拓和 CEEMDAN 方法的水文要素时间序列预测研究

采用数据延拓方法对原始序列进行延拓来抑制端点效应，将延拓序列的分解结果与原始序列的分解结果进行对比，考察数据延拓技术对分解结果的改进效果。并在此基础上，提出"延拓-分解-预测-重构"的模型构建思路，分别构建基于经验选择、参数选择、权重优化和混合分解的组合预测模型，实现水文要素序列的精确预测。主要研究结论如下：

（1）CEEMDAN 方法仍存在着端点效应问题影响分解精度。在镜像延拓、AR 模型延拓和 RBF 神经网络延拓三种常用的数据延拓方法中，RBF 神经网络延拓的效果最好，对原始序列进行 RBF 神经网络延拓后再分解可以有效抑制端点效应，提高分解精度。在不同的分量上，RBF 神经网络延拓序列的分解结果均能有效地反映水文序列的波动周期和振幅信息，特别是在端点处，延拓序列可以准确地体现数据的实际变化趋势，为后续分量预测提供方便。

（2）提出基于 CEEMDAN 方法的"延拓-分解-预测-重构"组合预测模型。通过对原始序列进行数据延拓来消除传统"分解-预测-重构"模型中忽视端点效应问题带来的分解误差，对"分解"步骤中的分解精度进行控制，保证分量预测结果准确可靠，进而提升组合预测模型的预测精度。后续构建的"延拓-分解-预测-重构"组合预测模型的预测结果表明，该种模型的预测效果优于"分解-预测-重构"模型，两组模型平均相对误差分别减少了3.39%和5.85%。

（3）在"延拓-分解-预测-重构"组合预测模型的基础上，提出基于权重优化的模型选择方案，实现对"预测"步骤中各分量预测精度的优化，从另一角度提升组合预测模型的预测精度。实验结果表明，相对于传统的单一模型预测方法，基于"延拓-分解-预测-重构"和模型选择的组合预测模型可以显著改善传统的单一模型预测方法水文要素序列的预测效果，预测精度提升 8.90%。

（4）本书利用混合分解方法对非线性较强的 IMF1 分量继续进行小波分解来降低数据序列的复杂性，得到平稳性更强的若干分量进而降低 IMF1 分量的预测难度，提出基于"延拓-分解-预测-重构"、混合分解和模型选择的组合预测模型实现预测效果的进一步改善。试验结果表明，基于混合分解的组合预测模型可以进一步提升高频分量的预测精度，较传统单一模型和未经小波分解的模型平均相对误差分别减少了 10.51％和 5.85％。

参 考 文 献

[1] PERREAULT L，BERNIER J，BOBÉE B，et al. Bayesian change – point analysis in hydrometeorological time series. Part 1：The normal model revisited [J]. Journal of Hydrology，2000，235（3 - 4）：221 - 241.

[2] PERREAULT L，BERNIER J，BOBÉE B，et al. Bayesian change – point analysis in hydrometeorological time series. Part 2：Comparison of change – point models and forecasting [J]. Journal of Hydrology，2000，235（3 - 4）：242 - 263.

[3] BURN D H，ELNUR M. Detection of hydrologic trends and variability [J]. Journal of Hydrology，2002，255（1 - 4）：107 - 122.

[4] AZIZ O，BURN D H. Trends and variability in the hydrological regime of the Mackenzie River Basin [J]. Journal of Hydrology，2006，319（1 - 4）：282 - 294.

[5] 王孝礼，胡宝清，夏军. 水文时序趋势与变异点的 R/S 分析法 [J]. 武汉大学学报（工学版），2002（2）：10 - 12.

[6] 熊立华，周芬，肖义，等. 水文时间序列变点分析的贝叶斯方法 [J]. 水电能源科学，2003（4）：39 - 41，61.

[7] 陈广才，谢平. 水文变异的滑动 F 识别与检验方法 [J]. 水文，2006，26（2）：57 - 60.

[8] 谢平，陈广才，雷红富. 基于 Hurst 系数的水文变异分析方法 [J]. 应用基础与工程科学学报，2009（1）：32 - 39.

[9] 吴子怡，谢平，桑燕芳，等. 水文序列跳跃变异点的滑动相关系数识别方法 [J]. 水利学报，2017，48（12）：1473 - 1481，1489.

[10] 吴子怡，谢平，桑燕芳，等. 基于相关系数的水文序列跳跃变异分级原理与方法 [J]. 应用生态学报，2018，29（4）：1042 - 1050.

[11] HAMED K H. Trend detection in hydrologic data：The Mann – Kendall trend test under the scaling hypothesis [J]. Journal of Hydrology，2008，349（3 - 4）：350 - 363.

[12] 张应华，宋献方. 水文气象序列趋势分析与变异诊断的方法及其对比 [J]. 干旱区地理，2015，38（4）：652 - 665.

[13] 强安丰，魏加华，解宏伟. 青海三江源地区气温与降水变化趋势分析 [J]. 水电能源科学，2018，36（2）：10 - 14.

[14] 陈楠. 菏泽多时间尺度气温变化特征及其突变性 [J]. 中国农业资源与区划，2018，39（4）：45 - 52.

[15] 谢平，唐亚松，李彬彬，等. 基于相关系数的水文趋势变异分级方法 [J]. 应用基础与工程科学学报，2014，22（6）：1089 - 1097.

[16] 赵羽西，谢平，桑燕芳，等. 基于相关分析的水文趋势变异分级原理及验证 [J]. 科学通报，2017，62（26）：3089 - 3097.

[17] REDDY M J，ADARSH S. Time – frequency characterization of sub – divisional scale

seasonal rainfall in India using the Hilbert – Huang transform [J]. Stochastic Environmental Research and Risk Assessment, 2016, 30 (4): 1063 – 1085.

[18] 冯平, 丁志宏, 韩瑞光. 基于EMD的洮河年径流量变化多时间尺度分析 [J]. 干旱区资源与环境, 2008, 22 (12): 73 – 76.

[19] ZHANG J, ZHAO Y, DING Z. Research on the joint probability distribution of rainfall and reference crop evapotranspiration. Paddy Water Environ, 2017, 15: 193 – 200.

[20] 张金萍, 肖宏林, 张鑫. 水库运行对径流-泥沙关系的影响分析 [J]. 水电能源科学, 2019, 37 (9): 17 – 20, 50.

[21] 吴林倩, 谢平, 吴子怡, 等. 基于相关系数的水文序列滑动周期识别方法 [J]. 科学通报, 2019, 64 (24): 2549 – 2560.

[22] 肖宏林. 黄河源区龙羊峡以上径流-泥沙关系的演化特征研究 [D]. 郑州: 郑州大学, 2020.

[23] FERRANTI J E, WHYATT D J, TIMMIS J R, et al. Using GIS to investigate spatial and temporal variations in upland rainfall [J]. Transactions in GIS, 2010, 14 (3): 265 – 282.

[24] WICKRAMAGAMAGE P. Spatial and temporal variation of rainfall trends of Sri Lanka [J]. Theoretical and Applied Climatology, 2016, 125 (3 – 4): 427 – 438.

[25] 门明新, 宇振荣, 许皞. 基于地统计学的河北省降雨侵蚀力空间格局研究 [J]. 中国农业科学: 2006, 39 (11): 2270 – 2277.

[26] 张坤, 洪伟, 吴承祯, 等. 基于地统计学和GIS的福建省降雨侵蚀力空间格局 [J]. 山地学报, 2009, 27 (5): 538 – 544.

[27] ZOCCATELLI D, BORGA M, ZANON F, et al. Which rainfall spatial information for flash flood response modelling? A numerical investigation based on data from the Carpathian range, Romania [J]. Journal of Hydrology, 2010, 394 (1 – 2): 148 – 161.

[28] 李月臣, 何志明, 刘春霞. 基于站点观测数据的气温空间化方法评述 [J]. 地理科学进展, 2014, 33 (8): 1019 – 1028.

[29] VAFAKHAH M, KARAMIZAD F, SADEGHI R H S, et al. Spatial variations of runoff generation at watershed scale [J]. International of Environmental Science and Technology, 2019, 16 (7): 3745 – 3760.

[30] JANG C S, CHEN S K, LIN C C. Using multiple – variable indicator kriging to assess groundwater quality for irrigation in the aquifers of the Choushui River alluvial fan [J]. Hydrological Processes, 2008, 22 (22): 4477 – 4489.

[31] LEILA N, MAZDA K, REZA A S, et al. Groundwater depth and elevation interpolation by kriging methods in Mohr Basin of Fars province in Iran [J]. Environmental Monitoring & Assessment, 2010, 166 (1 – 4): 387 – 407.

[32] KUMAR V. Optimal contour mapping of groundwater levels using universal kriging—a case study [J]. International Association of Scientific Hydrology Bulletin, 2007, 52 (5): 1038 – 1050.

[33] HU K L, HUANG Y F, LI H, et al. Spatial variability of shallow groundwater level, electrical conductivity and nitrate concentration, and risk assessment of

nitrate contamination in North China Plain [J]. Environment International，2005，31（6）：896 – 903.

［34］ DASH J P，SARANGI A，SINGH D K. Spatial Variability of Groundwater Depth and Quality Parameters in the National Capital Territory of Delhi [J]. Environmental Management，2010，5（3）：640 – 650.

［35］ 李新，郝晋珉，胡克林，等. 集约化农业生产区浅层地下水埋深的时空变异规律 [J]. 农业工程学报，2008，24（4）：95 – 98.

［36］ VAROUCHAKIS E A，HRISTOPULOS D T . Comparison of stochastic and deter-minis-tic methods for mapping groundwater level spatial variability in sparsely moni-tored basins [J]. Environmental Monitoring and Assessment，2013，185（1）：1 – 19.

［37］ YAO L，HUO Z，FENG S，et al. Evaluation of spatial interpolation methods for groundwater level in an arid inland oasis，northwest China [J]. Environmental Earth Sciences，2014，71（4）：1911 – 1924.

［38］ 阮本清，许凤冉，蒋任飞. 基于球状模型参数的地下水水位空间变异特性及其演化规律分析 [J]. 水利学报，2008，380（5）：573 – 579.

［39］ 周剑，李新，王根绪，等. 黑河流域中游地下水时空变异性分析及其对土地利用变化的响应 [J]. 自然资源学报：2009，24（3）：498 – 506.

［40］ 赵洁，徐宗学，周剑. 黑河中游过去 20 年地下水位空间变异性分析 [J]. 干旱区资源与环境，2011，25（8）：172 – 178.

［41］ 邓康婕，魏晓妹，降亚楠，等. 基于地统计学的泾惠渠灌区地下水位时空变异性研究 [J]. 灌溉排水学报，2015，34（3）：75 – 80.

［42］ 顾晓敏，崔亚莉，肖勇，等. 昌平区山前平原地下水位空间变异性特征分析 [J]. 水文地质工程地质，2015，42（2）：10 – 15，23.

［43］ 刘海若，白美健，史源，等. 唐山丰南区地下水丰枯季埋深空间变异性分析 [J]. 中国水利水电科学研究院学报，2016，14（6）：412 – 418.

［44］ 姚玲，杨洋，孙贯芳，等. 基于地统计分析的河套灌区地下水埋深与矿化度时空变异规律研究 [J]. 灌溉排水学报，2020，39（8）：111 – 121.

［45］ ROUHANI S，MYERS D E. Problems in space – time kriging of geohydrological data [J]. Mathematical Geology，1990，22（5）：611 – 623.

［46］ STEIN A，STERK G. Modeling space and time dependence in environmental studies [J]. International Journal of Applied Earth Observation and Geoinformation，1999，1（2）：109 – 121.

［47］ BECHINI L，DUCCO G，DONATELLI M，et al. Modelling interpolation and sto-chastic simulation in space and time of global solar radiation [J]. Agriculture Ecosys-tems and Environment，2013（1）：29 – 42.

［48］ 侯景儒，王志民. 时间–空间域中多元信息的地质统计学 [J]. 工程科学学报，1995，17（2）：101 – 106.

［49］ 余先川，侯景儒，姚力，等. 时空域非参数和多元信息的地质统计学研究 [J]. 自然科学进展，2003，13（11）：1217 – 1220.

［50］ 谢平，雷红富，陈广才，等. 基于 Hurst 系数的流域降雨时空变异分析方法 [J].

水文，2008，28（5）：6－10.

［51］ 刘桂君. 辽河流域生态水文格局时空变异［D］. 沈阳：辽宁大学，2011.

［52］ 粟晓玲，梁筝. 关中地区气象水文综合干旱指数及干旱时空特征［J］. 水资源保护，2019，35（4）：17－23.

［53］ 钟华昱，黄强，杨元园，等. 变化环境下汉江径流时空演变规律分析［J］. 人民珠江，2020，41（5）：123－131.

［54］ SHREVE F. Rainfall，Runoff and soil moisture under desert conditions［J］. Annals of the Association of American Geographers，1934，24（3）：131－156.

［55］ MILLER J F，PAULHUS J L H. Rainfall－runoff relation for small basins［J］. Transactions，American Geophysical Union，1957，38（2）：216－218.

［56］ EAGLESON P S，SHACK W J. Some Criteria for the Measurement of Rainfall and Runoff［J］. Water Resources Research，1966，2（3）：427－436.

［57］ OSBORN H B，HICKOK R B. Variability of Rainfall Affecting Runoff From a Semiarid Rangeland Watershed［J］. Water Resources Research，1968，4（1）：199－203.

［58］ HILL I K. Runoff Hydrograph as a Function of Rainfall Excess［J］. Water Resources Research，1969，5（1）：95－102.

［59］ 王才炎. 巢滁皖流域丘陵区降雨径流关系的分析［J］. 中国水利，1958（2）：28－34.

［60］ 赵人俊，庄一鸽. 降雨径流关系的区域规律［J］. 华东水利学院学报（水文分册），1963（S2）：53－68.

［61］ 刘昌明，洪宝鑫，曾明煊，等. 黄土高原暴雨径流预报关系初步实验研究［J］. 科学通报，1965（2）：158－161.

［62］ 赵人俊. 流域水文模拟-新安江模型与陕北模型［M］. 北京：水利电力出版社，1984.

［63］ 赵人俊，王佩兰. 新安江模型参数的分析［J］. 水文，1988，18（6）：2－8.

［64］ 李致家，孔祥光，张初旺. 对新安江模型的改进［J］. 水文，1998（4）：16－23.

［65］ WILSON C B，VALDES J B，RODRIGUEZ－ITURBE I. On the Influence of the Spatial Distribution of Rainfall on Storm Runoff［J］. Water Resources Research，1979，15（2）：321－328.

［66］ OGDEN F L，JULIEN P Y. Runoff sensitivity to temporal and spatial rainfall variability at runoff plane and small basin scales［J］. Water Resources Research，1993，29（8）：2589－2597.

［67］ JAKEMAN A J，HORNBERGER G M. How much complexity is warranted in a rainfall－runoff model？［J］. Water Resources Research，1993，29（8）：2637－2649.

［68］ MONTANARI A，BRATH A. A stochastic approach for assessing the uncertainty of rainfall－runoff simulations［J］. Water Resources Research，2004，40（1）：75－78.

［69］ SHOAIB M，SHAMSELDIN A Y，KHAN S，et al. A wavelet based approach for combining the outputs of different rainfall－runoff models［J］. Stochastic Environmental Research and Risk Assessment，2018，32（1）：155－168.

［70］ TOKAR A S，JOHNSON P A. Rainfall－Runoff Modeling Using Artificial Neural

Networks [J]. Journal of Hydrologic Engineering, 1999, 4 (3): 232 - 239.

［71］ 叶守泽, 陈绳甲. 由暴雨推求洪水的非线性处理方法 [J]. 武汉大学学报（工学版）, 1978 (1): 25 - 40.

［72］ 张焕礼. 用降雨入渗蒸发规律建立年降雨径流关系计算方法的探讨 [J]. 地域研究与开发, 1982 (2): 30 - 39.

［73］ 夏军. 非线性水文系统识别方法的探讨 [J]. 水利学报, 1982 (8): 24 - 33.

［74］ 汪秉仁, 邓琦. 灰色系统理论在水文研究中的应用 [J]. 地域研究与开发, 1985 (1): 11 - 22.

［75］ 杨艳生. 关联度分析及其在作降雨因子等值线图中的应用 [J]. 土壤, 1989 (1): 27 - 31.

［76］ 夏军, 乔云峰, 宋献方, 等. 岔巴沟流域不同下垫面对降雨径流关系影响规律分析 [J]. 资源科学, 2007 (1): 70 - 76.

［77］ 张翔, 刘妮娜, 尹雄锐, 等. 遗传编程在降雨径流模拟中的应用研究 [J]. 水电能源科学, 2008 (5): 4 - 6, 26.

［78］ 谢平, 陈广才, 陈丽. 变化环境下基于降雨径流关系的水资源评价 [J]. 资源科学, 2009 (1): 69 - 74.

［79］ 刘媛, 谢平, 许斌, 等. 基于降雨径流关系的水资源变异归因分析方法 [A]. 第九届中国水论坛 [C], 2011.

［80］ 程娅姗, 王中根, 刘丽芳, 等. 近50年潮河流域降雨-径流关系演变及驱动力分析 [J]. 南水北调与水利科技, 2018, 16 (2): 45 - 50.

［81］ 刘丽芳, 王中根, 姜爱华, 等. 近50年济南三川流域降雨-径流关系变化分析[J]. 南水北调与水利科技, 2018, 16 (1): 22 - 27, 56.

［82］ 张金萍, 原文林, 郭兵托. 基于协整分析的河川径流预测 [J]. 水电能源科学, 2013, 31 (5): 18 - 20, 99.

［83］ 许云锋, 左其亭. 塔里木河流域气候变化与径流变化特征分析 [J]. 水电能源科学, 2011 (12): 1 - 4.

［84］ BRUNSDON C, MCCLATCHEY J, UNWIN D J. Spatial variations in the average rainfall - altitude relationship in Great Britain: an approach using geographically weighted regression [J]. International Journal of Climatology, 2001, 21 (4): 455 - 466.

［85］ NASR A, BRUEN M. Development of neuro - fuzzy models to account for temporal and spatial variations in a lumped rainfall - runoff model [J]. Journal of Hydrology, 2008, 349 (3): 277 - 290.

［86］ KIM C, KIM D H. Effect of rainfall spatial distribution and duration on minimum spatial resolution of rainfall data for accurate surface runoff prediction [J]. Journal of Hydro - environment Research, 2018, 20: 1 - 8.

［87］ BIBI M U, KADUK J, BALZTER H. Spatial - Temporal Variation and Prediction of Rainfall in Northeastern Nigeria [J]. Climate, 2014, 2 (3): 206 - 222.

［88］ ZHANG J, HAN D W, SONG Y, et al. Study on the effect of rainfall spatial variability on runoff modelling [J]. Journal of Hydroinformatics, 2018, 20 (3): 577 - 587.

［89］ 李璐，姜小三，孙永远. 基于地统计学的降雨侵蚀力插值方法研究——以江苏省为例 ［J］. 生态与农村环境学报，2011 (1)：88 - 92.

［90］ 陈东东，程路，栗晓玮，等. 基于地统计学的四川省降雨侵蚀力时空分布特征 ［J］. 生态学杂志，2014 (1)：206 - 213.

［91］ 董闯，粟晓玲. 基于信息熵的石羊河流域降雨时空变异性研究 ［J］. 西北农林科技大学学报（自然科学版），2011，39 (1)：222 - 228.

［92］ 原立峰，杨桂山，李恒鹏，等. 基于地统计学和 GIS 的鄱阳湖流域降雨空间差异分析 ［J］. 水土保持研究，2013 (4)：34 - 38，43.

［93］ 杨丽虎，刘鑫，宋献方. 岔巴沟流域降雨不同时间尺度的空间变异特征 ［J］. 人民黄河，2019，41 (3)：1 - 5.

［94］ CHEN B，KRAJEWSKI F W，HELMERS J M，et al. Spatial Variability and Temporal Persistence of Event Runoff Coefficients for Cropland Hillslopes ［J］. Water Resources Research，2019，55 (2)：1583 - 1597.

［95］ 左其亭，陈耀斌. 具有多个水文站的多支流河流典型年选取方法 ［J］. 水文，2012 (2)：1 - 4.

［96］ 王强，许有鹏，高斌，等. 西苕溪流域径流对土地利用变化的空间响应分析 ［J］. 自然资源学报，2017，32 (4)：632 - 641.

［97］ FENICIA F，KAVETSKI D，SAVENIJE H H G，et al. From spatially variable streamflow to distributed hydrological models：Analysis of key modeling decisions ［J］. Water Resources Research，2016，52 (2)：954 - 989.

［98］ ABBAS T，HUSSAIN F，NABI G，et al. Uncertainty evaluation of SWAT model for snowmelt runoff in a Himalayan watershed ［J］. Terrestrial，Atmospheric and Oceanic Sciences，2019，30 (2)：265 - 279.

［99］ 梁天刚，沈正虎，戴若兰，等. 集水区径流资源空间变化的模拟与分析 ［J］. 兰州大学学报（自然科学版），1999，35 (4)：83 - 90.

［100］ 邹悦. 基于 SWAT 模型的疏勒河中游径流模拟研究 ［D］. 兰州：西北师范大学，2012.

［101］ 何旭强. 基于 SWAT 模型的黑河上游径流模拟及其对气候变化的响应 ［D］. 兰州：西北师范大学，2013.

［102］ 侯文娟，高江波，戴尔阜，等. 基于 SWAT 模型模拟乌江三岔河生态系统产流服务及其空间变异 ［J］. 地理学报，2018，73 (7)：1268 - 1282.

［103］ WANG W. Stochasticity，nonlinearity and forecasting of streamflow processes ［M］. IOS Press，2006.

［104］ 程扬，王伟，王晓青. 水文时间序列预测模型研究进展 ［J］. 人民珠江，2019，40 (7)：18 - 23.

［105］ 王文，马骏. 若干水文预报方法综述明 ［J］. 水利水电科技进展，2005 (1)：56 - 60.

［106］ 邵年华. 水文时间序列几种预测方法比较研究 ［D］. 西安：西安理工大学，2010.

［107］ BATES J M. The Combination of Forecasts ［J］. Opreational Research Quarterly，1969，20 (4)：451 - 468.

［108］ CLEMEN R T. Combining Forecast：A Review and Annotated Bibliography ［J］. International Journal of Forecasting，1989，5（4）：559－583.

[109]　MAKRIDAKIS S，HIBON M. The M3－competion：Results，Conclusions and Implications [J]. International Journal of Forecasting，2000，16：451－476.

[110]　STOCK J H，WATSON M. Combining Forecast of Output Growth in a Seven Country Data Set [J]. Journal of Forecasting，2004，23（6）：405－430.

[111]　XIONG L H，SHAMSELDIN A Y，O' CONNOR K M. A non－linear combination of the forecast of rainfall－runoff models by the first－order Takagi－Sugeno fuzzy system [J]. Journal of Hydrology，2001，245（1－4）：196－217.

[112]　JOTHIPRAKASH V，MAGAR R B. Multi－time－step ahead daily and hourly intermittent reservoir inflow prediction by artificial intelligent techniques using lumped and distributed data [J]. Journal of Hydrology，2012，450－451：293－307.

[113]　TINGSANCHALI T，GAUTAM R M. Applieation of tank，NAM，ARMA and neural network models to flood forecasting [J]. Hydrological Processes，2000，14（14）：2473－2487.

[114]　SEE L，ABRAHART J R. Multi－model data fusion for hydrological forecasting [J]. Computers and Geosciences，2001，27（8）：987－994.

[115]　ABRAHART R J，SEE L. Multi－model data fusion for river flow forecasting：an evaluation of six alternative methods based on two contrasting catchments [J]. Hydrology and Earth System Sciences，2002，6（4）：655－670.

[116]　董艳萍. 大伙房径流中长期预报及引水调度方式研究 [D]. 大连：大连理工大学，2008.

[117]　安鸿志，陈敏. 非线性时间序列分析 [M]. 上海：上海科学技术出版社，1998.

[118]　叶守泽，夏军. 水文科学研究的世纪回眸与展望 [J]. 水科学进展，2002，13（1）：93－104.

[119]　BOX G E P，JENKENS G M. Time Series Analysis Forcasting and Control [M]. London：Holden－Day，1970.

[120]　TONG H，LIM K S. Threshold autoregression，limit cycles and cyclical data [J]. Journal of the Royal Statistical Society. Series B（Methodological），1980：245－292.

[121]　HSU K，GUPTA H V，SOROOSHIAN S. Artificial Neural Network Modeling of the Rainfall－Runoff Process [J]. Water resources research，1995，31（10）：2517－2530.

[122]　王昱，丁明华. 平稳时间序列模型建立及在水文预报中的应用 [J]. 黑龙江水专学报，2006（1）：92－93.

[123]　汤成友，郭丽娟，王瑞. 水文时间序列逐步回归随机组合预测模型及其应用 [J]. 水利水电技术，2007（6）：1－4.

[124]　MONDAL M S，CHOWDHURY J U. Synthetic Stream－Flow Generation with Deseasonalized ARMA Model [J]. Journal of Hydrology and Meteorology，2012，8（1），32－45.

[125]　张春岚，刘东旭，杨向辉，等. 黄河源区白河流域径流预报研究 [J]. 人民黄河，2006（12）：24－25.

[126] 白晓，边凯，贾亚琳，等. 基于 Modflow 和 ARIMA 模型的峰峰矿区岩溶地下水模拟及预测 [J]. 科学技术与工程，2019，19 (17)：84 - 90.

[127] 周泽江，覃光华，于春平，等. 若尔盖湿地黑河径流分析及预测 [J]. 水电与新能源，2013 (3)：18 - 22.

[128] 程晨. 区域水资源系统复杂性特征对旱灾风险的驱动效应及其优化配置研究 [D]. 沈阳：东北农业大学，2018.

[129] ZHANG J P，XIAO H L，ZHANG X，et al. Impact of reservoir operation on runoff and sediment load at multi - time scales based on entropy theory. Journal of Hydrology，2019，569：809 - 815.

[130] 张金萍，肖宏林，张鑫. 水库运行对径流-泥沙关系的影响分析 [J]. 水电能源科学，2019，37 (9)：17 - 20，50.

[131] 王亚迪. 变化环境下黄河源区水文气象要素特征分析及径流变化驱动研究 [D]. 西安：西安理工大学，2020.

[132] 屈忠义，陈亚新，史海滨，等. 地下水文预测中 BP 网络的模型结构及算法探讨 [J]. 水利学报，2004 (2)：88 - 93.

[133] BIRIKUNDAVYI S，LABIB R，TRUNG H T，et al. Performance of Neural Networks in Daily Streamflow Forecasting [J]. Journal of Hydrologic Engineering，2002，7 (5)：392 - 398.

[134] 黄国如，胡和平，田富强. 用径向基函数神经网络模型预报感潮河段洪水位 [J]. 水科学进展，2003 (2)：158 - 162.

[135] NOR I N，SOBRI H，AMIR H K. Radial Basis Function Modeling of Hourly Streamflow Hydrograph [J]. Journal of Hydrologic Engineering，2007，12 (1)：113 - 123.

[136] 陈守煜. 模糊水文学的基本理论模型与应用 [J]. 大连理工大学学报，1992 (2)：201 - 208.

[137] HENSE A. On the possible existence of a strange attractor for the southern oscillation [J]. Beitr. Phys. Atmos，1987，60 (1)：34 - 47.

[138] 权先璋，温权，张勇传. 混沌预测技术在径流预报中的应用 [J]. 华中理工大学学报，1999 (12)：41 - 43.

[139] 林剑艺，程春田. 支持向量机在中长期径流预报中的应用 [J]. 水利学报，2006 (6)：681 - 686.

[140] MAITY R，BHAGWAT P P，BHATNAGAR A. Potential of support vector regression for prediction of monthly streamflow using endogenous property [J]. Hydrological Processes，2010，24 (7)：917 - 923.

[141] 任化准，薛玉林，余小平，等. DGA - SVR 日径流非线性预报模型及应用 [J]. 水电能源科学，2012，30 (8)：23 - 25.

[142] 钱镜林，张晔，刘国华. 基于小波分解的径流预报非线性模型 [J]. 水力发电学报，2006 (5)：17 - 21.

[143] UMUT O，ZAFER A S. The combined use of wavelet transform and black box models in reservoir inflow modeling [J]. Journal of Hydrology and Hydromechanics，2013，61 (2).

[144] 张洪波，王斌，兰甜，等．基于经验模态分解的非平稳水文序列预测研究 [J]．水力发电学报，2015，34（12）：42-53．

[145] KARTHIKEYAN L，NAGESH K D. Predictability of nonstationary time series using wavelet and EMD based ARMA models [J]. Journal of Hydrology，2013，502：103-119．

[146] BELTRÁN - CASTRO J，VALENCIA - AGUIRRE J，OROZCO - ALZATE M，et al. Rainfall forecasting based on ensemble empirical mode decomposition and neural networks [J]. IWANN 2013，Part I，LNCS 7902：471-480．

[147] 刘艳，杨耘，聂磊，等．玛纳斯河出山口径流 EEMD - ARIMA 预测 [J]．水土保持研究，2017，24（6）：273-280，285．

[148] HORVÁTH L. Change in autoregressive processes [J]. Stochastic Processes and Their Applications，1993，44（2）：221-242．

[149] PAGE E S. Continuous Inspection Schemes [J]. Biometrika，1954，41（1-2）：100-115．

[150] SANG Y F，WANG Z G，LI Z L. Discrete Wavelet Entropy Aided Detection of Abrupt Change：A Case Study in the Haihe River Basin，China [J]. Entropy，2012，14（7）：1274-1284．

[151] DAVIS R A，YAO H. Testing for a Change in the Parameter Values and Order of an Autoregressive Model [J]. Annals of Statistics，1995，23（1）：282-304．

[152] 李景保，罗中海，叶亚亚，等．三峡水库运行对长江荆南三口水文和生态的影响 [J]．应用生态学报，2016，27（4）：1285-1293．

[153] 丁晶．洪水时间序列干扰点的统计推估 [J]．武汉水利电力学院学报，1986（5）：38-43．

[154] SANDÀ P，RAHM L，WULFF F. Non - parametric trend test of Baltic Sea data [J]. Environmetrics，1991，2（3）：263-278．

[155] WU Z，HUANG N E. Ensemble empirical mode decomposition：a noise - assisted data analysis method [J]. Advances in Adaptive Data Analysis，2011，1（1）：1-41．

[156] 张金萍，肖宏林，张鑫．基于经验模态分解方法和信息熵的水沙关系研究 [J]．水资源保护，2019，35（4）：30-34，41．

[157] 张修宇，秦天，孙菡芳，等．基于层次分析法的郑州市水安全综合评价 [J]．人民黄河，2020，42（6）：42-45，52．

[158] 庞立新．降雨空间变异性及其径流响应研究 [D]．武汉：武汉大学，2005．

[159] 黄兵，胡铁松．滦河流域月降雨空间变异性研究 [J]．中国农村水利水电，2006（10）：28-30．

[160] 李江，郝新梅，范琳琳，等．黑河中游绿洲地下水位空间变异性研究 [J]．水力发电学报，2015，34（11）：106-115．

[161] 荣艳淑，周云，王文．淮河流域蒸发皿蒸发量变化分析 [J]．水科学进展，2011，22（1）：15-22．

[162] 张鑫．大清河流域山区降雨-径流关系演变及其驱动因素影响分析 [D]．郑州：郑州大学，2020．

[163] 穆文彬，李传哲，刘佳，等．大清河流域水循环影响因素演变特征分析 [J]．水利水电技术，2017，48（2）：4-11，21.

[164] 张金萍，张鑫，肖宏林．西大洋水库唐河支流丰枯演化特征研究 [J]．水利水电技术，2019，50（7）：64-69.

[165] 丁志宏，冯平，张永．基于 Copula 模型的丰枯频率分析——以南水北调西线工程调水区径流与黄河上游来水的丰枯遭遇研究为例 [J]．长江流域资源与环境，2010，19（7）：759-764.

[166] 石茜茜．陆浑灌区供需水随机模拟与状态演化特征研究 [D]．郑州：郑州大学，2019.

[167] 崔豪，肖伟华，周毓彦，等．气候变化与人类活动影响下大清河流域上游河流径流响应研究 [J]．南水北调与水利科技，2019，17（4）：54-62.

[168] 高洁．基于 GAMLSS 的雅砻江流域极端降水时空特性研究 [J]．水力发电，2019，45（1）：13-17，56.

[169] 张冬冬，鲁帆，周翔南，等．基于 GAMLSS 模型的大渡河流域极值降水非一致性分析 [J]．水利水电技术，2016（5）：12-15，20.

[170] 高洁．基于 GAMLSS 模型的水文系列非平稳性研究 [J]．水力发电，2019，45（7）：1-6.

[171] 江聪，熊立华．基于 GAMLSS 模型的宜昌站年径流序列趋势分析 [J]．地理学报，2012（11）：1505-1514.

[172] GALIANO G G S, GIMENEZ O P, GIRALDO - OSORIO D J. Assessing Nonstationary Spatial Patterns of Extreme Droughts from Long - Term High - Resolution Observational Dataset on a Semiarid Basin（Spain）[J]. Water, 2015，7（10）：5458-5473.

[173] XIONG L H, JIANG C, DU T. Statistical attribution analysis of the nonstationarity of the annual runoff series of the Weihe River [J]. Water science and technology : a journal of the International Association on Water Pollution Research, 2014, 70（5）：939-946.

[174] 强皓凡，靳晓言，赵璐，等．基于相对湿润度指数的近 56 年若尔盖湿地干湿变化 [J]．水土保持研究，2018，25（1）：172-177，182.

[175] VOGEL R M, SIEBER J, ARCHFIELD S A, et al. Relations among storage, yield, and instream flow [J]. Water Resources Research, 2007, 43（5）：W05403.

[176] JALÓN D G, GORTAZAR J. Evaluation of instream habitat enhancement options using fish habitat simu lations：case - studies in the river Pas（Spain）[J]. Aquatic Ecology, 2007, 41（3）：461-474.

[177] 温庆志，姚蕊，孙鹏，等．变异条件下淮河流域生态径流变化特征及成因分析 [J]．生态学报，2020（8）：1-15.

[178] 张杰，张正栋，万露文，等．气候变化和人类活动对汀江径流变化的贡献 [J]．华南师范大学学报（自然科学版），2017，49（6）：84-91.

[179] 徐丽娟．人类活动影响下大清河流域降雨径流关系特征分析 [J]．南水北调与水利科技，2011，9（2）：84-91.

[180] 魏兆珍．海河流域下垫面要素变化及其对洪水的影响研究 [D]．天津：天津大

学，2013.

[181] 温利华，王永芹，张广录，等．海河流域土地利用及覆盖变化研究［J］．东北农业大学学报，2012，43（5）：136-141.

[182] 郝振纯，苏振宽，鞠琴．土地利用变化对阜平流域的径流影响研究［J］．中山大学学报（自然科学版），2014（3）：128-133.

[183] 陈玲玲，陈思睿．西大洋水库降雨径流系列可靠性与一致性分析［J］．水科学与工程技术，2016（4）：1-5.

[184] 李绍飞，余萍，孙书洪．紫荆关流域洪水径流过程变化及影响因素分析［J］．武汉大学学报（工学版），2012，45（2）：166-170，176.

[185] 王婷．EMD算法研究及其在信号去噪中的应用［D］．哈尔滨：哈尔滨工程大学，2010.

[186] 胡劲松，杨世锡．EMD方法基于径向基神经网络预测的数据延拓与应用［J］．机械强度，2007（6）：894-899.

[187] 杜陈艳，张榆锋，杨平，等．经验模态分解边缘效应抑制方法综述［J］．仪器仪表学报，2009，30（1）：55-60.

[188] 陈忠，郑时雄．EMD信号分析方法边缘效应的分析［J］．数据采集与处理，2003（1）：114-118.

[189] 程军圣，于德介，杨宇．Hilbert-Huang变换端点效应问题的探讨［J］．振动与冲击，2005（6）：40-42，47，136.

[190] ZHAO J P，HUANG D J. Mirror extending and circular spline function for empirical mode decomposition method［J］. Journal of Zhejiang University. Science A，2001，2（3）：247-252.

[191] CHAI T，DRAXLER R R. Root mean square error（RMSE）or mean absolute error（MAE）? - arguments against avoiding RMSE in the literature［J］. Geoscientific Model Development，2014，7（3），1247-1250.

[192] KRAUSE P，BOYLE D，BÄSE F. Comparison of different efficiency criteria for hydrological model assessment［J］. Advances in Geosciences，2005，5（5），89-97.

[193] 杜懿，麻荣永．不同改进的ARIMA模型在水文时间序列预测中的应用［J］．水力发电，2018，44（4）：12-14，28.

[194] 王旭东，邵惠鹤．RBF神经网络理论及其在控制中的应用［J］．信息与控制，1997（4）：32-44.

[195] 丁世飞，齐丙娟，谭红艳．支持向量机理论与算法研究综述［J］．电子科技大学学报，2011，40（1）：2-10.

.